中文版 Mastercam 2022

数控加工 从入门到精通

高淑娟 编著

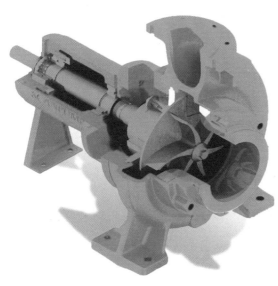

机械工业出版社
CHINA MACHINE PRESS

本书以 Mastercam 2022 版本为平台，介绍了在该软件中进行产品设计、模具分模、2D 平面加工、3D 曲面粗加工和精加工、多轴加工、钻削、车削以及线切割等设计与数控加工的相关操作。书中配套资源丰富，包含全书所有实战案例、综合案例的源文件与结果文件，以及高清教学视频，读者可在正文中通过微信扫描案例旁对应的二维码进行观看，由专业工程师亲自示范教学，可以大幅提高个人的学习兴趣和效率。

本书图文并茂，讲解层次分明、重难点突出、技巧独特，可以作为 CAD 工程设计、CAM 加工制造、模具设计人员及一线加工操作人员的案头指南，也可以作为大中专院校及社会培训班机械 CAD、模具设计与数控编程加工等专业师生的培训学习用书，还可以作为对加工制造行业有浓厚兴趣的读者的学习手册。

图书在版编目（CIP）数据

中文版 Mastercam 2022 数控加工从入门到精通 / 高淑娟编著 . —北京：机械工业出版社，2022.1（2023.4 重印）
（CAD/CAM/CAE 工程应用丛书）
ISBN 978-7-111-69674-2

Ⅰ.①中… Ⅱ.①高… Ⅲ.①数控机床–加工–计算机辅助设计–应用软件 Ⅳ.①TG659-39

中国版本图书馆 CIP 数据核字（2021）第 244242 号

机械工业出版社（北京市百万庄大街 22 号　邮政编码 100037）
策划编辑：丁　伦　责任编辑：丁　伦
责任校对：徐红语　责任印制：张　博
河北鑫兆源印刷有限公司印刷
2023 年 4 月第 1 版第 4 次印刷
185mm×260mm・15 印张・420 千字
标准书号：ISBN 978-7-111-69674-2
定价：89.90 元

电话服务　　　　　　　　网络服务
客服电话：010-88361066　机 工 官 网：www.cmpbook.com
　　　　　010-88379833　机 工 官 博：weibo.com/cmp1952
　　　　　010-68326294　金　书　网：www.golden-book.com
封底无防伪标均为盗版　机工教育服务网：www.cmpedu.com

前　言

Mastercam 是由美国 CNC Software Inc. 公司推出的基于 PC 平台的 CAD/CAM 一体化软件，自 20 世纪 80 年代推出了第一代 Mastercam 产品后，该软件几十年来进行了不断地更新与完善，被工业界及学校广泛采用。Mastercam 2022 是目前的主流版本，软件的核心经过了重新设计，采用全新技术并与微软公司 Windows 技术结合得更加紧密，以使程序运行更流畅，设计更高效。由于其卓越的设计及加工功能，在世界上拥有众多的忠实用户，被广泛应用于机械、电子和航空等领域。目前在我国制造业及教育界，Mastercam 由于其出色的表现，有着极为广阔的应用前景。

全新版本的 Mastercam 2022 带来了许多新的改进和支持，利用全新的带刀尖角度刀具的倒角钻刀具路径根据所需的倒角宽度计算出正确的深度后，可以对孔进行倒角加工。同时，还在 2D 动态铣削过程中，利用面积铣削或动态铣削刀具在选择图形时根据所选的图形自动创建"加工""空切"或"避让"区域。新版本通过更快、更简单的编程方式，对软件高效率加工、安全性等方面进行了全面改进，提高了加工生产率，降低了生产成本。

本书内容

全书共 10 章，从软件界面、基本操作、草图功能、实体建模、曲面建模，再到数控切削加工等内容进行了详细讲解。

☑ 第 1 章：详细介绍了关于数控加工入门的基础知识，如数控加工原理、加工工艺分析、工序划分等内容。另外还介绍了 Mastercam 2022 软件的工作界面与基本模块组成、软件对象的选择、视图操控、绘图平面与坐标系、层别管理等软件入门操作要点。

☑ 第 2 章：详细介绍了 Mastercam 2022 的基本建模工具指令和模具分模设计相关技术。在该软件中，基本建模工具的目的不是用来进行产品设计和机械零件设计，主要是为了进行模具分模设计，以此作为后续数控加工时的参考模型。

☑ 第 3 章：详细介绍了 Mastercam 2022 加工时需要设置的一些常用参数，包括刀具、加工工件、加工仿真模拟、加工通用参数、三维曲面加工参数等。掌握并理解这些参数对于合理创建工序操作是非常必要的。

☑ 第 4 章：详细介绍了 Mastercam 2022 的数控加工模块——2D 平面铣削加工。2D 平面铣削加工的操作方式简单，刀路计算快捷。加工刀具路径包括外形铣削、挖槽加工、钻孔加工、平面铣削和雕刻加工等。

☑ 第 5 章：详细介绍了 Mastercam 2022 数控加工模块——3D 曲面铣削加工。3D 铣削加工实际上就是对零件的外形轮廓进行切削，在平面及曲面外形加工中使用 3 轴数控机床的称为固定轴（3D 或称"3 轴"）3D 曲面铣削加工，在曲面外形加工中使用 3 轴以上的数控机床进行加工的称为可变轴（多轴）3D 曲面铣削加工。

☑ 第 6 章：详细介绍了 Mastercam 2022 多轴铣削加工的各种形式。多轴加工也称为变轴加工，是在切削加工中加工轴方向和位置在不断变化的一种加工方式。

☑ 第 7 章：详细介绍了 Mstercam 2022 钻削加工的基本参数设置和应用案例。钻削加工是 2D 平面铣削加工中的一种特例，之所以单独讲解，是因为孔的加工方法本身就有很多种，例如铣削加工、数控钻孔、普通机床钻孔、扩孔和镗孔等。

☑ 第8章：详细介绍了常见的几种标准车削方法，包括粗车加工、精车加工、车槽加工以及车端面和切断加工。在 Mastercam 2022 车削加工中包含粗车加工、精车加工、车槽、螺纹车削、截断车削、端面车削、钻孔车削、快速车削模组和循环车削模组等。

☑ 第9章：详细介绍了 Mastercam 2022 的常见线切割加工方式，包括外形线切割、无屑线切割和4轴线切割等。

☑ 第10章：介绍机床仿真的目的，即利用 Mstercam 的后置处理器对所编制的加工程序进行机床模拟，达到与实际加工一致的要求，可以极大地提高上机生产效率。机床模拟成功后，可通过后置处理器将加工程序以适用于各类数控系统的程序导出。

本书特色

本书从软件的基本应用及行业知识入手，以 Mastercam 2022 软件应用为主线，以实例为导向，按照由浅入深、举一反三的方式，讲解造型技巧和刀具路径的操作步骤以及分析方法，使读者能快速掌握 Mastercam 2022 的软件造型设计和编程加工的思维和方法。

全书安排了本章导读、界面与命令详解、实战案例和技术要点等学习板块。

☑ 本章导读：每章开篇介绍了与本章相关的重点和难点。

☑ 界面与命令详解：详解 Mastercam 的命令、菜单以及相关技巧方法。

☑ 技术要点：对部分知识重点、操作难点以及相关行业知识进行了补充介绍，为读者在学习过程中尽量排除干扰。

☑ 实战案例：采用实例来介绍本章部分重要的造型案例的设计方法或者刀具路径的详细操作步骤，目的是让读者掌握此造型的设计思维和刀路的加工工艺操作。所有案例均可扫码观看。

读者对象

本书可以作为 CAD 工程设计、CAM 加工制造、模具设计人员及一线加工操作人员的案头指南，也可以作为大中专院校及社会培训班机械 CAD、模具设计与数控编程加工等专业师生的学习用书，还可以作为对加工制造行业有浓厚兴趣读者的学习手册。本书由淄博职业学院高淑娟独立编写，共约40万字。全书参与案例测试和素材整理的专家审核团队还涉及 3C 领域工程师、技术人员，以及大学教育专家等人员，力求保持体系的完整性、内容的专业性，以及案例的实践性。

感谢您选择了本书，希望编者的努力对您的工作和学习有所帮助。由于水平有限，书中错漏之处在所难免，也希望您把对本书的意见和建议通过扫描封底二维码，加入读者俱乐部告诉编者。

编 者

目　录

前　言

第 1 章　Mastercam 2022 数控加工与编程入门

本章导读

计算机辅助制造（CAM）是产品从"项目策划→做手板模型→建模→模具设计"整个环节的最终一环。因此要掌握加工制造技术，必须先了解整个流程前期的一些准备工作和设计工作。

本章主要介绍数控加工中的常见知识，包括数控基础知识、加工制造的流程、数控加工制造的一些技术要点等。

1.1　必须要掌握的数控编程知识

在机械制造过程中，数控加工的应用可提高生产率、稳定加工质量、缩短加工周期、增加生产柔性、实现对各种复杂精密零件的自动化加工。图 1-1 所示为数控加工中心。

数控加工中心易于在工厂或车间实行计算机管理，还具备使车间设备总数减少、节省人力和改善劳动条件等优点，有利于加快产品的开发和更新换代，提高企业对市场的适应能力，提高企业综合经济效益。

图 1-1　数控加工中心

1.1.1　数控加工原理

当操作工人使用机床加工零件时，通常都需要对机床的各种动作进行控制，一是控制动作的先后次序，二是控制机床各运动部件的位移量。采用普通机床加工时，这种开车、停车、走刀、换向、主轴变速和开关切削液等操作都是由人工直接控制的。

1. 数控加工的一般工作原理

采用自动机床和仿形机床加工时，上述介绍的这些操作和运动参数都是通过设计好的凸轮、靠模和挡块等装置以模拟量的形式来控制的，它们虽然能加工比较复杂的零件，并且有一定的灵活性和通用性，但是零件的加工精度受凸轮、靠模制造精度的影响，工序准备时间也较长。数控加工的一般工作原理如图 1-2 所示。

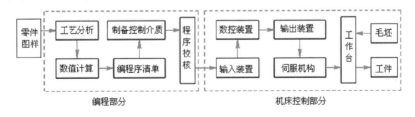

图 1-2　数控加工的一般工作原理

机床上的刀具和工件间的相对运动，称为表面成形运动，简称成形运动或切削运动。数控加工是指数控机床按照数控程序所确定的轨迹（称为数控刀轨）进行表面成形运动，从而加工出产品的表面形状。图 1-3 所示为平面轮廓加工示意图。图 1-4 所示为曲面加工的切削示意图。

2. 数控刀轨

数控刀轨是由一系列简单的线段连接而成的折线，折线上的结点称为刀位点。刀具的中心点沿着刀轨依次经过每一个刀位点，从而切削出工件的形状。

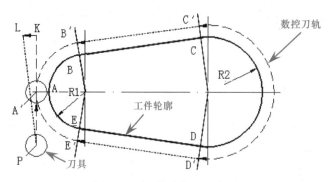

图 1-3　平面轮廓加工示意图

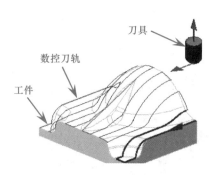

图 1-4　曲面加工切削示意图

刀具从一个刀位点移动到下一个刀位点的运动称为数控机床的插补运动。由于数控机床一般以直线或圆弧这两种简单的运动形式完成插补运动，因此数控刀轨只能是由许多直线段和圆弧段将刀位点连接而成的折线。

数控编程的任务是计算出数控刀轨，并以程序的形式输出到数控机床，其核心内容就是计算出数控刀轨上的刀位点。

在数控加工误差中，与数控编程直接相关的有如下两个主要部分。

● 刀轨的插补误差：由于数控刀轨由直线和圆弧组成，因此只能近似地拟合理想的加工轨迹，如图 1-5 所示。

● 残余高度：在曲面加工中，相邻两条数控刀轨之间会留下未切削区域，由此造成的加工误差称为残余高度，如图 1-6 所示，主要影响加工的表面粗糙度。

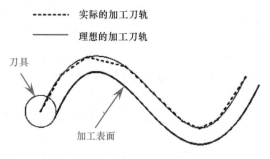

图 1-5　刀轨的插补误差

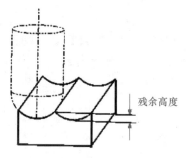

图 1-6　残余高度

1.1.2　数控加工工艺性分析

被加工零件的数控加工工艺性问题涉及面很广，下面结合编程的可能性和方便性提出一些必须分析和审查的主要内容。

1. 尺寸标注应符合数控加工的特点

在数控编程中，所有点、线、面的尺寸和位置都是以编程原点为基准的。因此零件图样上最好直接给出坐标尺寸，或者尽量以同一基准引注尺寸。

2. 几何要素的条件应完整、准确

在程序编制中，编程人员必须充分掌握构成零件轮廓的几何要素参数及各几何要素间的关系。因为在自动编程时要对零件轮廓的所有几何元素进行定义，手工编程时要计算出每个节点的坐标，无论哪一点不明确或不确定，编程都无法进行。但由于零件设计人员在设计过程中考虑不周或被忽略，常常弹出参数不全或不清楚等提示信息，如圆弧与直线、圆弧与圆弧是相切还是相交或相离。所以在审查与分析图样时，一定要仔细核算，发现问题及时与设计人员联系。

3. 定位基准可靠

在数控加工中，加工工序往往较集中，以同一基准定位十分重要。因此往往需要设置一些辅助基准，或者在毛坯上增加一些工艺凸台。为增加图1-7a所示的零件定位的稳定性，可在底面增加一工艺凸台，如图1-7b所示。在完成定位加工后再除去。

4. 统一几何类型及尺寸

零件的外形、内腔最好采用统一的几何类型及尺寸，这样可以减少换刀次数，还可以应用控制程序或专用程序以缩短程序长度。零件的形状尽可能对称，便于利用数控机床的镜像加工功能来编程，以节省编程时间。

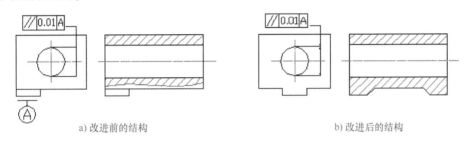

　　　　a) 改进前的结构　　　　　　　　　　　　　　　b) 改进后的结构

图1-7　工艺凸台的应用

1.1.3　工序的划分

根据数控加工的特点，一般可按如下方法进行加工工序的划分。

1. 以同一把刀具加工的内容划分工序

有些零件虽然能在一次安装加工出很多待加工面，但考虑到程序太长，会受到某些限制，如控制的限制（主要是内存容量）、机床连续工作时间的限制（如一道工序在一个班次内不能结束）等。此外，程序太长会增加出错率、查错与检索困难。因此程序不能太长，一道工序的内容不能太多。

2. 以加工部位划分工序

对于加工内容很多的零件，可按其结构特点将加工部位分成几个部分，如内形、外形、曲面或平面等。

3. 以粗、精加工划分工序

对于易发生加工变形的零件，由于粗加工后可能发生较大的变形而需要进行校形，因此一般来说凡要进行粗、精加工的工件都要将工序分开。

综上所述，在划分工序时，一定要视零件的结构与工艺性、机床的功能、零件数控加工内容的多少、安装次数及本单位生产组织状况等因素灵活掌握。

零件采用工序集中的原则还是采用工序分散的原则，也要根据实际需要和生产条件确定，力求合理。

加工排序的安排应根据零件的结构和毛坯状况，以及定位安装与夹进的需要来考虑，重点是零件的刚性不被破坏。排序安排一般应按如下原则进行操作。

- 上道工序的加工不能影响下道工序的定位与夹紧，中间穿插有通用机床加工工序的也要综合考虑。
- 先进行内型腔加工工序，后进行外型腔加工工序。
- 在同一次安装中进行的多道工序，应先安排对工件刚性破坏小的工序。

- 以相同定位、夹紧方式或同一把刀具加工的工序,最好连接进行,以减少重复定位次数、换刀次数与挪动压板次数。

1.2 Mastercam 2022 编程软件及模块介绍

Mastercam 2022 是由美国 CNC Software Inc. 公司推出的基于 PC 平台的 CAD/CAM 一体化软件,自 20 世纪 80 年代推出第一代 Mastercam 产品开始就以其强大的加工功能闻名于世,几十年来功能进行不断更新与完善,被工业界及学校广泛采用。

Mastercam 软件是经济有效的 CAD/CAM 软件系统,众多工业大国皆采用该系统,作为设计、加工制造的标准。Mastercam 为全球 PC 级 CAM,全球销售量领先,是工业界及学校广泛采用的 CAD/CAM 系统。

Mastercam 具有稳定、快速的功能,使用户不论是在设计制图上,或是 CNC 铣床、车床和线切割等加工上,都能获得最佳的效果,而且其兼容于 PC 平台,配合 Microsoft Windows 操作系统,并且支持中文操作,让用户在软件操作上更能方便、快捷。

Mastercam 是一套全方位服务于制造业的软件,功能主要包括产品建模(CAD)和机床铣削(CAM)两大类型。其中产品建模又包括线框(草图)、曲面、实体、建模和标注等模块。机床铣削根据加工类型又分为铣床加工、车床加工、线切割加工、木雕加工及浮雕加工等。

Mastercam 2022 是目前最新版本。软件的核心重新设计,采用全新技术并与微软公司的 Windows 技术更加紧密结合,以使程序运行更流畅,设计更高效。

1.2.1 CAD 产品建模模块

CAD 产品建模模块的主要功能及特点如下。

- 可以绘制二维图形及标注尺寸等功能,如图 1-8 所示。
- 可以创建三维线框图形,如图 1-9 所示。

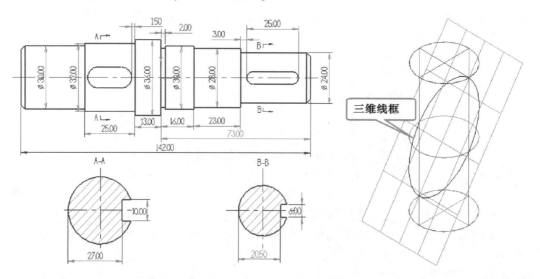

图 1-8 绘制的二维图形　　　　　　　　　图 1-9 绘制的三维线框图形

- 提供图层的设定,可隐藏和显示图层,使绘图变得简单,显示更清楚。
- 提供字形设计,对各种标牌的制作提供了更好的方法。
- 可以进行绘制曲线、曲面的交线、延伸、修剪、熔接、分割、倒直角和圆角等操作。

- 可以构建实体模型、曲面模型等三维造型，如图1-10和图1-11所示。
- 可以进行模具拆模设计，包括模具分型面设计、模具镶件设计等，如图1-12所示。

图1-10　三维实体模型

图1-11　三维曲面模型

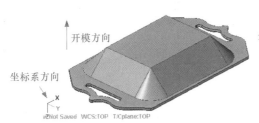

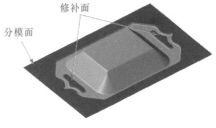

图1-12　模具拆模设计

1.2.2　CAM 机床铣削模块

机床铣削模块主要功能及特点介绍如下。

1. CAM 任务管理器

CAM 铣削加工的任务管理器把同一加工任务的各项操作集中在一起。管理器的界面很简练、清晰，在其中编辑、校验刀具路径也很方便。在操作管理中很容易复制和粘贴相关程序，如图1-13所示。

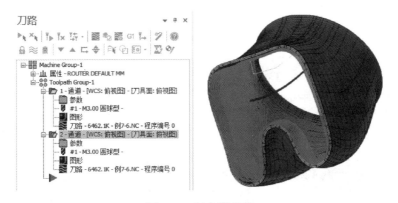

图1-13　任务管理器

2. 刀具路径的关联性

在 Mastercam 系统中，挖槽铣削、轮廓铣削和点位加工的刀具路径与被加工零件的模型是相关一致的。当零件几何模型或加工参数修改后，Mastercam 能迅速准确地自动更新相应的刀具路径，无须重新设计和计算刀具路径。用户可把常用的加工方法及加工参数存储于数据库中，以适合存储于数据库的任务。这样可以大大提高数控程序设计效率及计算的自动化程度。

3. 平面铣削、挖槽、外形铣削和雕刻加工

Mastercam 提供丰富多变的 2D 加工方式，如图 1-14 所示，可迅速编制出优质可靠的数控程序，这样一来极大地提高了编程者的工作效率，同时也提高了数控机床的利用率。

- 挖槽铣削具有多种走刀方式，如标准、平面铣、使用岛屿深度、残料和开放式挖槽。
- 挖槽加工时的入刀方法很多，如直接下刀、螺旋下刀和斜插下刀等。
- 挖槽铣削还具有自动残料清角功能，常见的加工方式如螺旋渐进式加工方式、开发式挖槽加工和高速挖槽加工等。

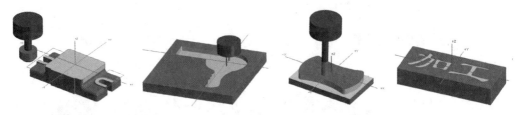

图 1-14 平面铣削、挖槽、外形铣削和雕刻加工

4. 3D 曲面粗加工

在数控加工中保证零件加工质量的前提下，尽可能提高粗加工时的生产效率。Mastercam 提供了多种先进的粗加工方式，包括平行粗切、投影粗切、挖槽粗切、残料粗切和钻削式粗切等，如图 1-15 所示。例如，曲面挖槽时，Z 向深度进给确定，刀具以轮廓或型腔铣削的走刀方式粗加工多曲面零件；机器允许的条件下，可进行高速曲面挖槽。

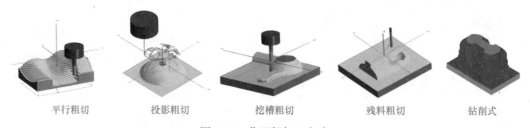

　　平行粗切　　　　投影粗切　　　　挖槽粗切　　　　残料粗切　　　　钻削式

图 1-15 曲面粗加工方式

5. 3D 曲面精加工

Mastercam 有多种曲面精加工方法，常见的精加工方式如图 1-16 所示。根据产品的形状及复杂程度，可以从中选择最好的方法。例如，比较陡峭的地方可用等高外形曲加工；比较平坦的地方可用平行加工；形状特别复杂，不易分开的零件，加工时可用 3D 环绕等距。

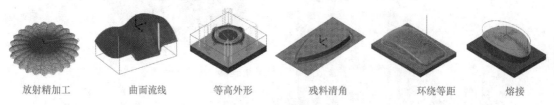

　放射精加工　　　曲面流线　　　　等高外形　　　　残料清角　　　　环绕等距　　　熔接

图 1-16 曲面精加工

Mastercam 能用多种方法控制精铣后零件的表面粗糙度。例如，以程式过滤中的设置及步距的大小来控制产品表面的质量等。根据产品的特殊形状（如圆形）时，可用放射精加工走刀方式（刀具由零件上任一点沿着向四周散发的路径）加工零件。曲面流线走刀精加工的刀具沿曲面形状

的自然走向产生刀具路径。用这样的刀具路径加工出的零件更光滑，某些地方余量较多时，可以设定局部细分范围单独加工它。

6. 多轴加工

Mastercam 的多轴加工功能为零件的加工提供了更多的灵活性，应用多轴加工功能可方便、快速地编制高质量的多轴加工程序。Mastercam 的五轴铣削方式有：曲线五轴、通道五轴、沿边五轴、多曲面五轴、沿面五轴、旋转五轴和叶片五轴等，如图 1-17 所示。

曲线五轴加工

通道五轴加工

沿边五轴加工

多曲面五轴加工

沿面五轴加工

旋转五轴加工

叶片五轴加工

图 1-17　多轴加工

1.3　Mastercam 2022 **工作界面**

在系统桌面上双击软件图标，弹出软件启动界面，如图 1-18 所示。

程序检查完毕后显示 Mastercam 2022 软件的界面，该界面包括上下文选项卡、功能区选项卡、信息提示框（也称为状态栏）、管理器面板（也称为管理器）、选择条和绘图区等，如图 1-19 所示。

界面中各组成元素的内容介绍如下。

① 上下文选项卡：上下文选项卡提供快捷操作命令，用户可以定制上下文选项卡，将常用的命令放置在此选项卡中。

② 功能区选项卡：功能区集合了 Mastercam 所有的设计与加工功能指令。根据设计需求不同，功能区中放置了从草图设计到视图控制的命令选项卡，如【文件】选项卡、【主页】选项卡、【草图】选项卡、【曲面】选项卡、【实体】选项卡、【建模】选项卡、【标注】选项卡、【转换】选项卡、【机床】选项卡及【视图】选项卡。

图 1-18　软件启动界面

③ 上选择条：上选择条中包含了用于快速、精确选择对象的辅助工具。

④ 右选择条：右选择条中也包含了很多用于快速、精确选择对象的辅助工具。

⑤ 管理器面板：管理器面板是用来管理实体建模、工作平面创建、图层管理和刀具路径的选项面板。管理器面板可以折叠，也可以打开。当在功能区选项卡中执行某一个操作指令以后，会在管理器面板中显示该指令的选项面板。

⑥ 信息提示栏：用来设置模型显示样式或更改视图方向和工作平面的属性信息。

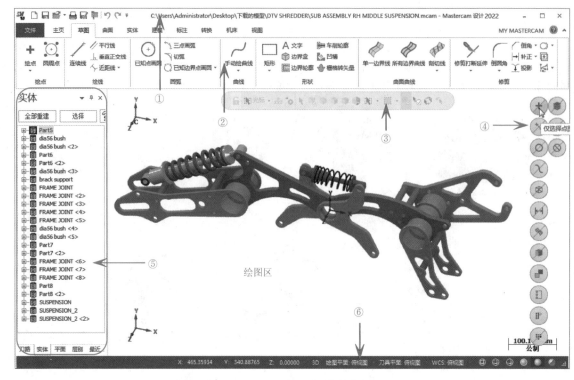

图 1-19　Mastercam 2022 软件的界面

1.4　认识操作管理器面板

　　绘图区窗口左侧的管理器是用来管理实体建模、绘图平面创建、层别管理和刀具路径的选项面板。

　　当创建完成实体模型后，【实体】管理器面板的特征树中会列出创建实体所需的特征及特征创建步骤，如图 1-20 所示。

> **技术要点**　　在管理器底部单击【刀路】【实体】【平面】及【层别】等标签按钮，可以切换操作面板。

　　在特征树顶部的选项，用来操作特征树中的特征对象，各选项含义如下。

　　● 重新生成选择 ：在特征树中双击选择一个特征进行编辑后，在绘图区中选取整个模型，再单击此按钮将特征编辑后的效果更新到整个模型，如图 1-21 所示。

　　● 重新生成 ：当对特征树中单个或多个特征对象进行编辑后，单击此按钮后，无须到绘图区中选取模型对象，会直接将结果更新到整个模型。

　　● 选择 ：如果在特征树中不容易找到要编

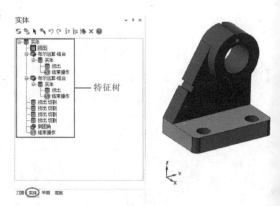

图 1-20　【实体】管理器面板

图 1-21　重新生成选择

辑的特征，可以单击【选择】按钮 ⬚，然后在模型中直接选取要编辑的特征面，此时会将选取的
特征面反馈到特征树中，且该特征将会高亮显示。

● 选择全部 ⬚：单击此按钮，将会自动选中特征树中所有的特征。

● 撤销 ⬚：单击此按钮，可撤销前一步的特征编辑操作。

● 重做 ⬚：单击此按钮，可恢复前一步
的特征编辑操作。

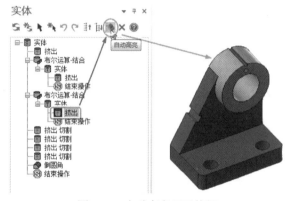

● 折叠选择 ⬚：单击此按钮，将折叠特征
树中所有展开的特征细节。

● 展开选择 ⬚：单击此按钮，将展开特征
树中所有折叠的特征细节。

● 自动高亮 ⬚：在特征树中选取要编辑的
特征，再单击此按钮，可在模型中高亮显示此
特征，如图 1-22 所示。

● 删除 ✖：在特征树中选择要删除的特
征，单击此按钮，即可立即删除该特征。

图 1-22　自动高亮显示特征

● 帮助 ⬚：单击此按钮，将跳转到帮助文档（英文帮助文档）中介绍【实体】管理器面板的
页面中，如图 1-23 所示。

在特征树中单击鼠标右键，会弹出右键菜单，如图 1-24 所示。通过该右键菜单，可以执行相
关的实体、建模及特征树操作命令。

图 1-23　帮助文档

图 1-24　特征树中的右键菜单

管理器中的操作面板（如【实体】面板、【平面】面板等），可以通过【视图】选项卡【管理】面板中的各管理工具来显示或关闭。

1.5 视图操控

绘图区就是设计师进行工作的区域，也称为"视图窗口"。若要熟练、高效地进行设计与操作，须先掌握软件的视图操控技巧。

Mastercam 2020 的视图操控工具在【视图】选项卡中，如图 1-25 所示。

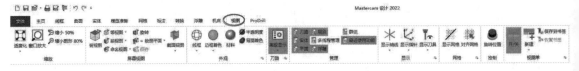

图 1-25 【视图】选项卡

1.5.1 视图缩放、旋转与平移

视图的缩放、旋转与平移操作是为了让设计者通过不同的角度观察到模型的整体与细部结构情况。视图的操作可以通过【缩放】面板中的相关工具来进行，也可以通过键盘快捷键来操作。

1. 缩放视图

视图的缩放分定向缩放和自由缩放。定向缩放需使用【视图】选项卡【缩放】面板中的视图操控工具来完成。自由缩放则需使用鼠标键功能来完成。

- 适度化▦（〈Alt + F1〉）：单击此按钮，可在视图中最大化地完整显示模型，如图 1-26 所示。

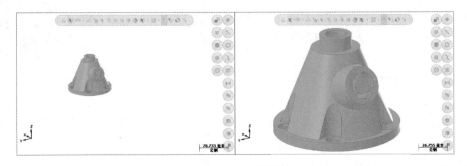

图 1-26 适度化缩放

- 指定缩放▦：当视图中有许多实体图素时，可以先在视图中选取某一个实体图素，然后单击【指定缩放】按钮▦，将其最大化显示在视图窗口中，如图 1-27 所示。

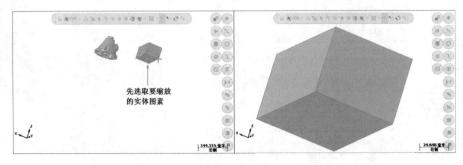

图 1-27 指定缩放

- 窗口放大 ◯ (〈F1〉)：用户可以在想要局部放大的位置绘制一个矩形区域，系统会通过绘制的矩形区域来按比例放大视图，如图1-28所示。

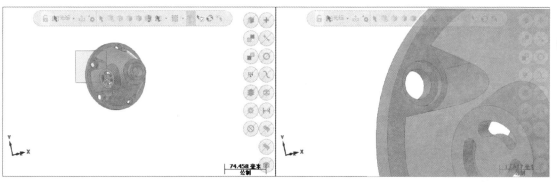

图1-28　窗口放大

- 比先前缩小50% ◯ (〈F2〉)：单击此按钮，视图将缩小50%，如图1-29所示。

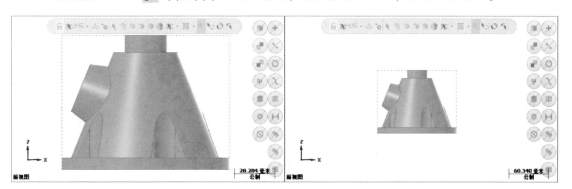

图1-29　缩小50%

- 缩小图形80% ◯ (〈Alt + F2〉)：单击此按钮，可将视图缩小至原来的80%，如图1-30所示。

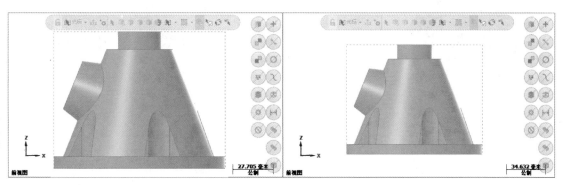

图1-30　缩小至原来的80%

- 自由缩放视图：滚动鼠标滚轮（中键滚轮），可以自由缩放视图。视图缩放的基点就是光标所在位置。

2. 视图的旋转与平移

视图的旋转分为环绕视图和自由翻转视图两种状态。另外，在【屏幕视图】面板中使用【旋转】工具也可以按照自定义的旋转角度绕指定的坐标轴旋转。

- 环绕视图：按下〈Ctrl + 鼠标中键〉，视图将在平面内环绕屏幕（视图窗口）中心点旋转，如图 1-31 所示。

- 自由翻转视图：按下鼠标中键不放，可以自由翻转视图，默认的旋转中心就是屏幕中心点。如果需要自定义旋转中心，可以将光标放置于将作为旋转中心的位置处，按下鼠标中键停留数秒，即可在新旋转中心位置自由翻转视图，如图 1-32 所示。

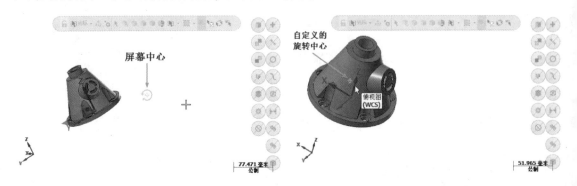

| 图 1-31　环绕视图 | 图 1-32　自由翻转视图 |

- 绕轴旋转：在【屏幕视图】面板中单击【旋转】按钮，将会弹出【旋转平面】对话框。在该对话框的【相对于 Y】文本框中输入 90，单击【确定】按钮 后，视图绕 Y 轴旋转 90°，如图 1-33 所示。

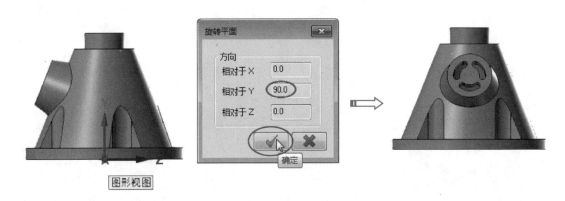

图 1-33　绕轴旋转

> **技术要点**　　"绘图区""视图窗口"与"屏幕"其实指的是同一个区域。但为什么会出现不同的叫法呢？"绘图区"是工作区域，包含了空间与平面，一般在三维建模、数控加工或进行模具设计时会描述"在绘图区中……"；"视图窗口"其实是具体指某个视图的界面窗口，一般在绘制线框时会描述"在××视图窗口中绘制……"或"在××视图中绘制……"；"屏幕"本意是指计算机屏幕，在软件中主要是指模型视图显示在计算机屏幕中并与屏幕共面，一般在描述视图旋转的中心点时才会引用。

关于视图旋转的控制和鼠标中键滚轮的作用，可以在【系统配置】对话框中进行设置。在【文件】菜单中执行【配置】命令，打开【系统配置】对话框，如图1-34所示。

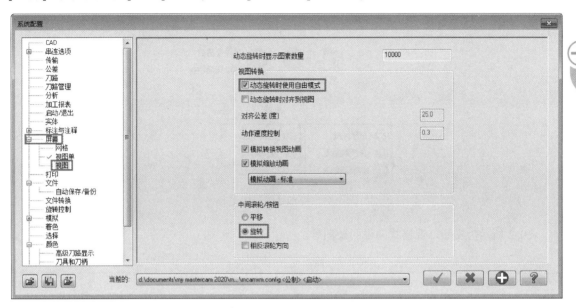

图1-34　视图控制选项的配置

1.5.2　定向视图

定向视图就是定向到某一个正向视图或等轴测视图。Mastercam包含有6个基本的正向视图和3个等轴测视图。

表1-1所示为【屏幕视图】面板中各定向视图命令的使用方法及说明。

表1-1　定向视图命令的使用方法及说明

图标与说明	图　解	图标与说明	图　解
前视：将零件模型以前视图显示		仰视：将零件模型以上视图显示	
后视：将零件模型以后视图显示		俯视：将零件模型以下视图显示	
左视：将零件模型以左视图显示		等轴测：将零件模型以西南等轴测图显示	
右视：将零件模型以右视图显示		反向等轴测：将零件模型以东南等轴测图显示	
不等角轴测：将零件模型以左右二等角轴测图显示		绘图平面：正向于当前的工作视图平面	

1.5.3 模型外观

调整模型以线框或着色来显示有利于模型分析和设计操作。模型外观的设置工具在【外观】面板中，如图 1-35 所示。

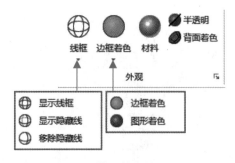

图 1-35 模型外观设置工具

表 1-2 所示为模型外观样式的说明及图解。

表 1-2 模型外观的说明及图解

图 标	说 明	图 解
边框着色	对模型进行带边线上色	
图形着色	对模型进行上色	
移除隐藏线	模型的隐藏线不可见	
显示隐藏线	模型的隐藏线以细虚线表示	
显示线框	模型的所有边线可见	

(续)

图 标	说 明	图 解
材料着色	仅当在【主页】选项卡的【属性】面板中使用【设置材料】工具对模型应用材质后,此外观才可用。在着色模式状态中显示模型材质	
半透明	仅当在边框着色和图形着色模式下才可用。可使模型呈半透明显示	
背面着色	在着色状态下,可使曲面背面(反面)着色。默认情况下,曲面正面与反面的颜色是一致的	正面 ⇒ 反面

在【外观】面板右下角单击【着色选项】按钮 ⌐,将会弹出【着色】对话框。通过该对话框可以设置模型的透明度、隐藏边线显示、网格等外观参数及选项,如图1-36所示。

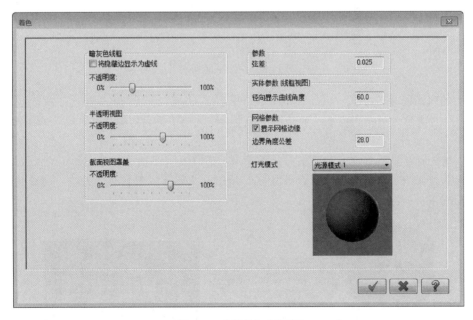

图1-36 【着色】对话框

1.6 绘图平面与坐标系

在Mastercam中绘制图形或是创建模型特征时,需要建立平面参考与坐标系参考,用作草图放置、视图定向、矢量参考、特征定位及定形的参考。这个平面参考称为"绘图平面"或"平面"。

所有平面都是相对于工作坐标系（WCS）定义的。

通过【平面】管理器面板可以创建或操作各类平面，如图1-37所示。

图1-37 【平面】管理器面板

1.6.1 利用基本视图作为绘图平面

通常，在三维软件（如UG、Creo、SOLIDWORKS等）建模过程中，会把6个基本视图所在的平面（Mastercam中简称为“视图平面”）作为绘图平面进行操作，这6个基本视图平面常称之为“基准面”或“基准平面”。在Mastercam中并没有“基准面”或“基准平面”的叫法，但由于所有三维软件中有此通用功能，为便于融会贯通地学习，所以有必要了解这一叫法。

1. 绘图平面列表

绘图平面列表中列出了所有可用绘图平面，如图1-38所示。

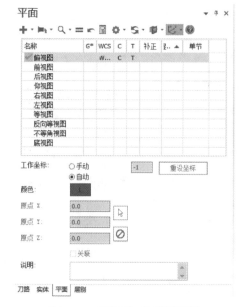

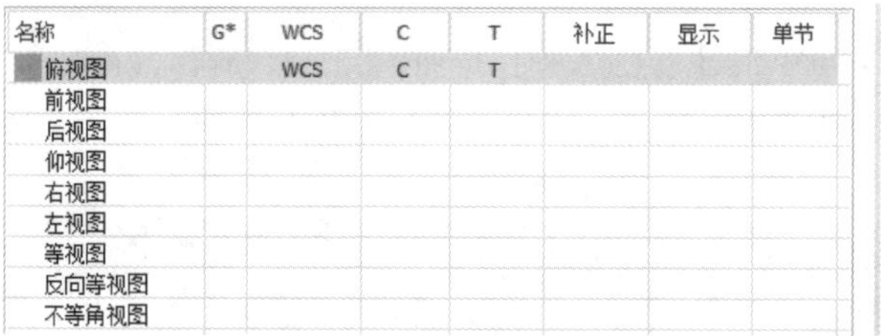

名称	G*	WCS	C	T	补正	显示	单节
俯视图		WCS	C	T			
前视图							
后视图							
仰视图							
右视图							
左视图							
等视图							
反向等视图							
不等角视图							

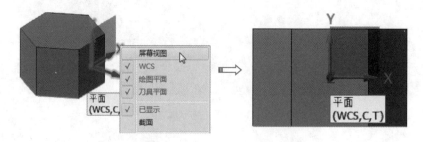

图1-38 绘图平面列表

列表中的列标题含义如下。

- 名称：“名称”列是所有默认的绘图平面或自定义绘图平面的名称。自定义的绘图平面的名称可以重命名。
- G：有此标记说明当前平面不仅是绘图平面，还将当前平面指定为Gview（视图平面）。如果是自定义的绘图平面，在绘图区中右击坐标系并选择【屏幕视图】菜单命令，可定向到自定义的绘图平面视图，如图1-39所示。

图1-39 定向到自定义的平面视图

- WCS：该列用来确定所选平面是否对齐到WCS坐标系。在WCS列中任意单击某一视图平面行，可将该视图平面设为绘图平面并对齐到WCS。

● C：当指定某个视图平面为当前绘图平面（Cplane）时，该视图平面会显示 C 标记。未定义为绘图平面的平面，是不会显示此标记的。在标记旁单击 ▲ 按钮，可将作为绘图平面的视图平面自动排序到第一行。

● T：该标记表示当前平面是工具平面（Tplane），即刀具加工的二维平面（CNC 机床的 XOY 平面）。

● 补正："补正"列显示在平面属性选项中手动设定的加工坐标的补正值，如图1-40所示。"补正"与"偏移"同意义。

● 显示：此列显示的 X 标记表示在绘图区中与绘图平面对齐的坐标系（指针）已经显示。如果没有显示坐标系，那么【显示】列将不会显示 X 标记。

● 单节：此列中显示的 X 标记表示当前绘图平面已作为截面，可以创建截面视图。反之，没有此标记则说明当前绘图平面没有设定为"截面"。

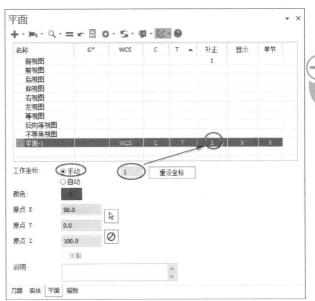

图1-40　手动设定补正值

2. 平面工具栏

在【平面】管理器面板工具栏中的工具命令用来操作管理器面板，各工具命令含义如下。

● 创建新平面 ✚ ▾：单击此按钮，展开创建新平面的命令列表。通过创建新平面的命令列表，用户可以指定任意的平面、模型表面、屏幕视图、图素平面和法向平面等来创建绘图平面。

● 选择车削平面 📷 ▾：单击此按钮，展开车削平面列表，如图1-41所示。根据从列表中选择的车床坐标系选择或创建新平面。使用车床时，可以将施工计划定向为半径（X／Z）或直径（D／Z）坐标。

● 找到一个平面 🔍 ▾：单击此按钮，展开【找到一个平面】列表，如图1-42所示。从列表中选择选项来寻找并高亮显示视图平面。此功能等同于在视图列表中手动选择视图平面。

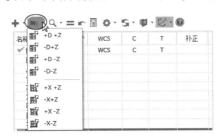

图1-41　【选择车削平面】列表

图1-42　【找到一个平面】列表

● 设置绘图平面 ═：根据在视图列表所选的视图来设置绘图平面。

● 重设 ↶：单击此按钮，将重新设置绘图平面。

● 隐藏平面属性 🖿：单击此按钮，可关闭或显示【平面】管理器面板下方的平面属性设置选项，如图1-43所示。

● 显示选项 ⚙ ▾：【显示选项】列表中的选项用来控制管理器面板中绘图平面的显示与隐藏，如图1-44所示。

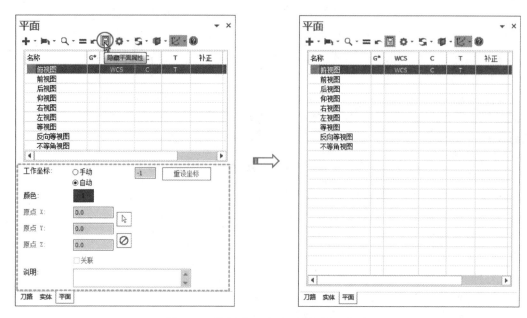

图 1-43 关闭或显示平面属性设置选项

• 跟随规则 ![icon]：【跟随规则】列表中的选项用来定义绘图平面与坐标系、绘图平面与视图之间的对齐规则，如图 1-45 所示。

图 1-44 【显示选项】列表   图 1-45 【跟随规则】列表

• 截面视图 ![icon]：此列表中的选项用于控制所建立截面视图的显示状态，截面就是剖切模型所用的平面，这里的剖切不是真正意义上的剖切，只是临时剖切后创建一个视图便于观察模型内部的情况。例如，在绘图平面列表中选择一个视图平面（选择右视图平面作为范例讲解），将其设为绘图平面。然后在绘图区选中坐标系并单击鼠标右键，在弹出的右键菜单中选择【截面】命令，即可将右视图平面指定为截面。最后在【截面视图】列表中选择【着色图素】与【显示罩盖】选项，再单击【截面视图】按钮 ![icon]，即可创建剖切视图并观察模型，如图 1-46 所示。

> **技术要点** 坐标系的显示与隐藏，需要在【视图】选项卡的【显示】面板中单击【显示指针】按钮 ![icon]，或者在【平面】管理器面板的工具栏中展开【显示指针】列表，在列表中选中相关的指针显示选项即可。

• 显示指针 ![icon]："指针"指的就是工作坐标系。【显示指针】列表中的选项用于控制绘图区中是否显示工作坐标系。

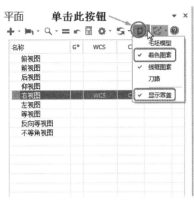
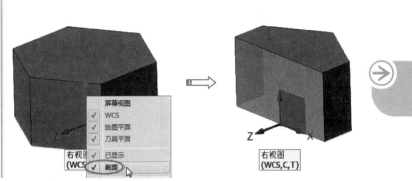

图1-46　创建剖切视图

3. 视图平面的用法

在【平面】管理器面板的绘图平面列表中列出了6个基本视图和3个轴测视图。

视图平面在坐标系中以紫色平面表示，其作为绘图平面基本用法的具体操作步骤如下（以俯视图平面为例）。

1）在视图列表中选中俯视图平面。

2）在【平面】管理器面板的工具栏（在绘图平面列表上方）中单击【设置绘图平面】按钮 ≡，或者在"俯视图"行、WCS列的表格中单击，将所选视图平面设为绘图平面。

3）俯视图的名称前面会显示 ✔ 图标，这表示俯视图平面已经成了绘图平面。

4）在绘图区中，俯视图平面就是坐标系的XY平面，此时绘制的二维线框都将在俯视图平面中进行，如图1-47所示。

5）同理，若选择其他视图作为绘图平面，也按此步骤进行操作即可。

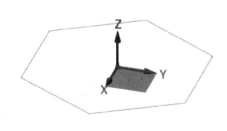

图1-47　在俯视图平面中绘图

1.6.2　新建绘图平面

除了绘图平面列表中的基本视图平面可以作为建模时的绘图平面以外，还可以使用【平面】管理器面板工具栏中的【创建新平面】列表选项来创建自定义的绘图平面。

【平面】管理器面板中的【创建新平面】列表选项如图1-48所示。

● 依照图形 ⬚：此选项是依照在绘图区中所选的实体形状来定义绘图平面。一般情况下依照规则几何体来定义的绘图平面，默认为俯视图平面。

图1-48　【创建新平面】列表中的选项

- 依照实体面 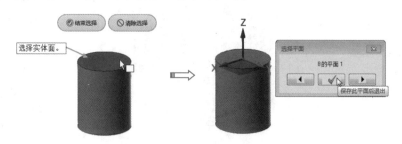：此选项是根据用户所选的实体面（必须是平面）来创建绘图平面，如图1-49所示。选择实体面后，还可以调整坐标系的轴向。

图1-49　依照实体面创建绘图平面

- 依照屏幕视图 ：此选项是根据用户的实时屏幕视图来创建绘图平面，如图1-50所示。
- 依照图素法向 ：此选项是根据所选曲线的所在平面和直线法向来定义绘图平面，如图1-51所示。

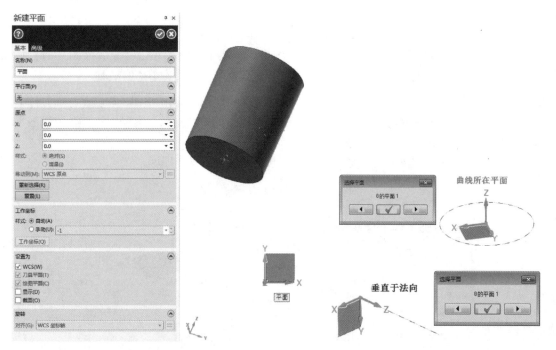

图1-50　依照屏幕视图创建绘图平面　　　　图1-51　依照图素法向创建绘图平面

- 相对于WCS：此选项是根据WCS坐标系中的6个视图平面来创建新的绘图平面。一般采用此选项来创建与视图平面有一定偏移的绘图平面。如果绘图平面与视图平面重合，则无须以此选项来新建平面。直接在绘图平面列表中选择视图平面作为当前绘图平面即可。

- 快捷绘图平面 ：此选项是根据用户所选的实体平面来创建绘图平面，虽然其作用与【依照实体面】选项类似，但不能调整坐标系的轴向。

- 动态 ：此选项是通过用户定义新坐标系（包括原点与轴向）的XY平面来创建新绘图平面，如图1-52所示。

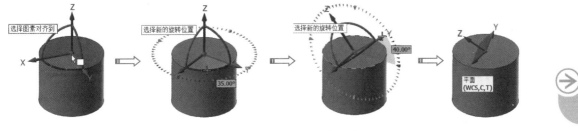

图 1-52　动态定义坐标系及绘图平面

1.6.3　WCS 坐标系

WCS 坐标系的作用就是用于定位和确定绘图平面。坐标系包含原点、坐标平面和坐标轴。

在 Mastercam 中，坐标系根据作用不同分为世界坐标系、建模坐标系和加工坐标系。其中建模坐标系和加工坐标系合称为 WCS（工作坐标系）。

1. 世界坐标系

世界坐标系是计算机系统自定义的计算基准，默认出现在屏幕中心。当工作坐标系 WCS 没有显示的时候，世界坐标系可供用户在建模时作定向参考，因此会在绘图区的左下角实时显示，是不能进行编辑与操作的，如图 1-53 所示。世界坐标系原点的坐标值为（0，0，0）。

图 1-53　世界坐标系

在绘图区左下角单击世界坐标系，可以新建绘图平面，如图 1-54 所示。此操作的意义等同于在【平面】管理器面板的【创建新平面】列表中选择【动态】选项来创建绘图平面。

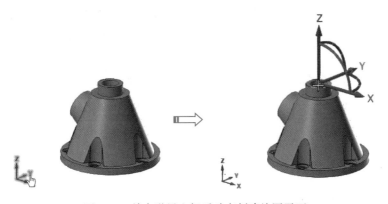

图 1-54　单击世界坐标系动态创建绘图平面

2. WCS 工作坐标系

WCS 是用户在建模或数控加工时的设计基准。新建绘图平面的过程其实就是确定 WCS 工作坐标系的 XY 平面的过程。默认情况下，WCS 与世界坐标系是重合的。图 1-55 所示为模型中的 WCS。

WCS 是可以编辑（编辑其原点位置）和操作（可以旋转与平移）的，其原点位置在默认情况下与世界坐标系原点重合。当用户新建了绘图平面后，其 WCS 原点的位置是可以改变的，如图 1-56 所示。可在【平面】管理器面板底部的平面属性选项中选中【手动】单选按钮，再在【原点 X】【原点 Y】【原点 Z】文本框中重新输入原点坐标值，并按〈Enter〉键确认。

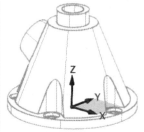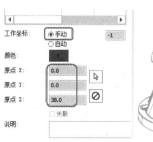

图 1-55　WCS 默认位置　　　　　　　　　　图 1-56　编辑 WCS 的原点坐标

3. 显示与隐藏坐标系

在【视图】选项卡的【显示】面板中，【显示轴线】工具列表和【显示指针】工具列表中的工具用于控制坐标系的显示与关闭。

轴线的显示可以帮助用户在建模或数控加工时快速定位，可以按〈F9〉键开启或关闭轴线。图 1-57 所示为显示的轴线。

单击【显示指针】按钮，或者按〈Alt + F9〉组合键，即可开启或关闭 WCS 坐标系的显示，如图 1-58 所示。

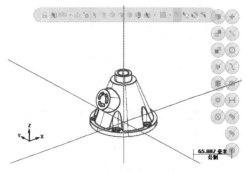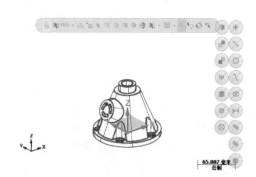

图 1-57　显示轴线　　　　　　　　　　　图 1-58　显示 WCS 坐标系

第2章 零件设计与模具分模

本章导读 《

Mastercam 是一款典型的数控加工编程软件，因此它在零件设计和模具设计领域的功能应用相对较弱，可以设计一些结构和外形较为简单的机械零件和塑胶产品。随着 Mastercam 的发展，三维建模和模具设计功能也日益增强，本章将详细介绍基于 Mastercam 平台的零件设计和模具拆模（分模）设计的实际运用。

2.1 绘制二维草图

二维图形的绘制是 Mastercam 建模和加工的基础，包括点、线、圆、矩形、椭圆、盘旋和螺旋线、曲线、圆角和倒角、文字和边界盒等。任何一个图形的建模都离不开点、线、圆等基本的几何图素。

2.1.1 草图绘制工具介绍

Mastercam 2022 的草图绘制工具在【线框】选项卡中，如图 2-1 所示。下面仅介绍常用的绘图命令。

图 2-1 【线框】选项卡

1. 绘制直线

Mastercam 2022 提供了多种绘制直线的方式，在【线框】选项卡的【绘线】面板中共有如下几种绘制直线的命令。

● 线端点：单击【线端点】按钮 ✐，可以通过任意两点创建一条直线，或者通过捕捉两个点或输入两个点的坐标创建连续直线。图 2-2 所示为通过捕捉矩形的对角点来创建一条矩形对角线。

● 平行线：单击【平行线】按钮 ✐，可以绘制直线的平行线，或者是圆/圆弧的切线。图 2-3 所示为选取直线作为平行参考而绘制的平行线。

图 2-2 绘制连续直线

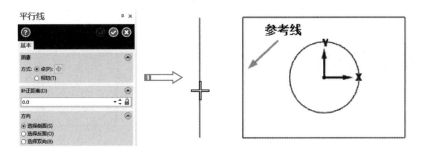

图 2-3 绘制平行线

● 垂直正交线:【垂直正交线】按钮可以在直线或圆弧曲线上绘制基于某一点(或切点)的法向直线。单击【垂直正交线】按钮⊥,弹出【垂直正交线】选项面板。在该选项面板中选择【点】方式,将绘制出直线的垂线,如图2-4所示。

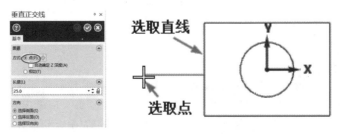

图2-4 绘制直线的垂直正交线

技术要点　在选项面板中选择【相切】方式,选取一个圆,再选取一条辅助直线,即可绘制出垂直于辅助线且经过圆切点的切线,如图2-5所示。

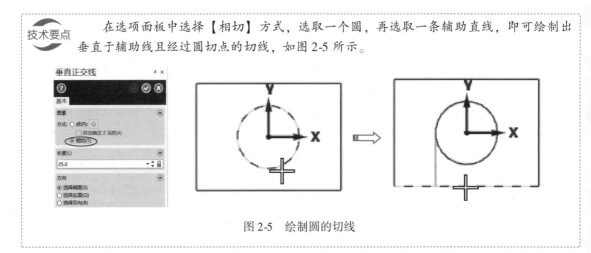

图2-5 绘制圆的切线

● 近距线:绘制近距线命令用于绘制两图素之间最近距离线,在【线框】选项卡的【绘线】面板中单击【近距线】按钮✕,选取绘图区的直线和圆弧,即创建了圆弧和直线之间最近距离的直线,如图2-6所示。

● 平分线:平面内两条非平行线必然存在交点,并且形成夹角。角平分线命令即是用于绘制两相交直线的角平分线。由于直线没有方向性,因此两条相交直线组成的夹角共有4个,产生的角平分线当然也应该有4种,所以以需要用户选择所需要的平分线。在【绘线】面板的【近距线】列表中单击【平分线】Ⅴ按钮,选取两条线,根据选取的直线位置绘制出角平分线,如图2-7所示。

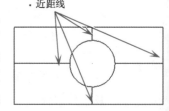

图2-6 绘制近距线

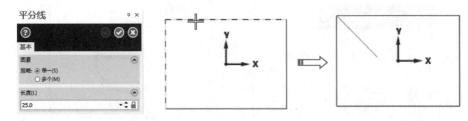

图2-7 创建角平分线

技术要点　　如果在【平分线】选项面板中选中【多个】单选按钮后再选取两条线，将弹出四条角平分线，然后选取其中一条符合要求的角平分线即可，如图2-8所示。

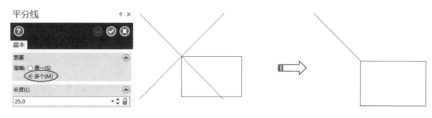

图2-8　多条角平分线

● 通过点相切线：可在【绘线】面板的【近距线】列表中选择该命令，之后选择曲线（光标选取位置即为切点），接着在曲线一侧单击以确定切线位置，即可创建出该曲线的相切线，如图2-9所示。

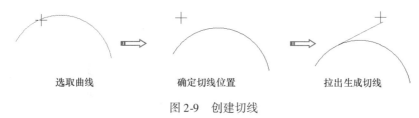

选取曲线　　　　　　确定切线位置　　　　　　拉出生成切线

图2-9　创建切线

技术要点　　选取曲线后，由于确定切线的位置不同，生成的切线也会不同。

2. 绘制圆和圆弧

Mastercam 提供了多种绘制圆弧的工具，包括圆和圆弧，共有7种。采用这些命令可以绘制绝大多数有关圆弧的图形。7种绘制圆弧的工具含义如表2-1所示。

表2-1　7种绘制圆弧的工具

圆弧命令	图解说明	含义介绍
已知点画圆 ⊕		通过已知圆心点绘制圆的方式是绘制圆或圆弧最基本的形式，只需要定义圆心点的位置和半径值就可以确定圆
极坐标画弧		极坐标画弧是通过以圆心点为极点、圆半径为极径、圆弧的起点作为极坐标起始点、圆弧终点作为极坐标终点的方式进行绘制圆弧

（续）

圆弧命令	图解说明	含义介绍
三点画弧		三点画弧与三点画圆非常类似，是采用三点来确定一圆弧。如果与相切进行组合，可以绘制三切弧
端点画弧		端点画弧命令采用选取两点和输入半径值来确定圆弧，或直接选取两点和圆上一点来确定圆弧
已知边界点画圆		已知边界点画圆采用圆上三点来确定一个圆，三点可以确定一个圆，而且是只有唯一的一个圆
极坐标端点		创建通过端点的极坐标画弧是采用端点、起始角度、终止角度和半径值来确定某一圆弧
切弧	单一物体切弧 通过点切弧 中心线 动态切弧 三物体切弧 三物体切圆 两物体切弧	切弧专门用来绘制与某图素相切的圆弧，切弧有 7 种形式

3. 绘制其他形状

草图工具还提供了其他绘制基本形状的命令，如矩形、椭圆和多边形等。

● 矩形：标准矩形的形状是固定不变的，有对角线定位的，也有中心定位的，在【形状】面板中单击【矩形】按钮☐，将会弹出【矩形】选项面板，如图 2-10 所示。默认情况下，以确定对角点坐标的方式来绘制矩形，如图 2-11 所示。

图 2-10 【矩形】选项面板

图 2-11 确定对角点绘制矩形

技术要点　　当在选项面板的【设置】卷展栏中勾选【矩形中心点】复选框后，可以确定矩形中心点位置和矩形长度及宽度来绘制矩形，如图2-12所示。如果勾选了【创建曲面】复选框，可以直接创建出矩形平面曲面。

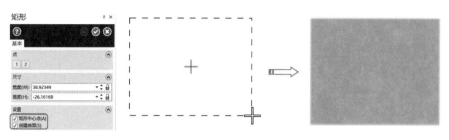

图2-12　以中心点方式绘制矩形

● 椭圆：椭圆是圆锥曲线的一种，由平面以某种角度切割圆锥所得截面的轮廓线即是椭圆。在【形状】面板的【矩形】列表中单击【椭圆】按钮◯，将会弹出【椭圆】选项面板，如图2-13所示。椭圆的创建方式有三种：NURBS、圆弧段和区段直线。NURBS方式创建的圆弧为样条曲线，圆弧段方式将整椭圆划分成 N 段圆弧相接，区段直线方式将整椭圆划分成 N 段直线相接。

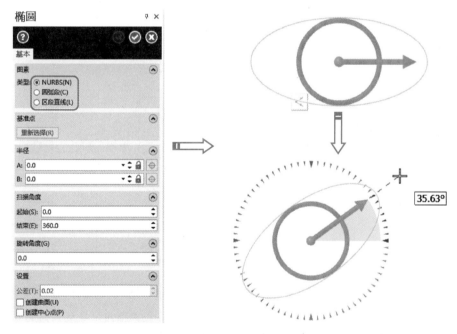

图2-13　设置【椭圆】选项面板并绘制椭圆

● 多边形：正多边形命令可以绘制边数 3～360 的正多边形，要启动绘制多边形命令，可以在【形状】面板的【矩形】列表中单击【多边形】按钮⬠，将会弹出【多边形】选项面板，在该选项面板中可设置多边形参数，如图2-14所示。

4. 修剪草图

二维图形绘制完毕后会留下很多多余线条，与最后结果还是有一定的差别，需要通过修剪、圆角等工具做最后的修饰，剪掉不需要的图素。修剪草图的工具在【修剪】面板中，如图2-15所示。

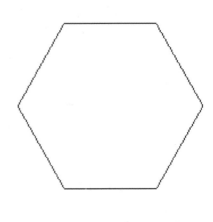

图 2-14　正多边形

● 图素圆角：圆角是将两相交图素（直线、圆弧或曲线）进行圆角过渡，避免尖角的弹出。圆角有两种：一种是两物体圆角，另外一种是串连圆角。要启动圆角功能，可在【修剪】面板中单击【图素倒圆角】按钮 ，弹出【图素倒圆角】选项面板，如图 2-16 所示。图 2-17 所示为 5 种圆角方式。

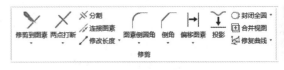

图 2-15　修剪工具

图 2-16　【图素倒圆角】选项面板

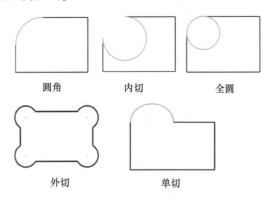

图 2-17　5 种圆角方式

● 串连圆角：串连圆角功能用于对整个图形中的尖角进行整体圆角。串连圆角包括三种方式：所有角落、顺时针和逆时针，如图 2-18 所示。该命令收缩在【图素倒圆角】工具的下三角按钮中。

图 2-18　三种圆角方式

- 倒角：倒角是对零件上尖角部位倒斜角处理，在五金零件和车床上的零件应用比较多。定义倒角的 4 种不同方式如图 2-19 所示。

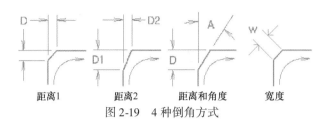

距离1　　　距离2　　　距离和角度　　宽度

图 2-19　4 种倒角方式

技术要点　　在"距离 2"和"距离和角度"倒角方式中，先选取的边为第一侧，后选取的边为第二侧，同时第一侧也是角度的参考边。

- 修剪到图素：【修剪到图素】命令是对两个或多个相交的图素在交点处进行修剪，也可以在交点处进行打断或延伸。修剪方式有很多种，最常用的就是【修剪】方式。
- 封闭全圆：【封闭全圆】命令用于将圆弧恢复到整圆，由于圆弧具有整个圆的信息，因此，不管是多小的圆弧，都包含圆的半径和圆心点，所以，所有圆弧都可以恢复成整圆。单击【封闭全圆】按钮 ◯ ，提示选取圆弧去封闭，选取绘图区的圆弧，单击【确定】即可将圆弧封闭成全圆，如图 2-20 所示。
- 打断全圆：【打断全圆】命令（收缩在【封闭全圆】命令的下三角按钮中）用于将整圆打断成多段圆弧，与封闭全圆是相反的。单击【打断全圆】按钮 ◯ ，选取圆后单击【结束选择】按钮 ⟨ 结束选择 ⟩，再在【全圆打断的圆数量】文本框中输入数量为 3，按〈Enter〉键即可将圆打断成 3 段，如图 2-21 所示。

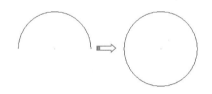

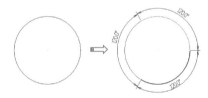

图 2-20　封闭全圆　　　　　　　　　　　　图 2-21　打断全圆

● 2.1.2　实战案例——绘制机械零件草图

参照如图 2-22 所示的图样来绘制零件草图，未标注的圆弧半径均为 R3，具体操作步骤如下。读者可扫描右侧二维码实时观看本案例教学视频。

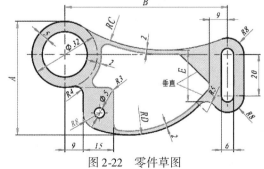

图 2-22　零件草图

绘图分析

● 参数：A = 54，B = 80，C = 77，D = 48，E = 25。

● 此图形结构比较特殊，许多尺寸都不是直接给出的，需要经过分析得到，否则容易出错。

● 由于图形的内部有一个完整的封闭环，这部分图形也是一个完整图形，但这个内部图形的定位尺寸参考均来自于外部图形中的"连接线段"和"中间线段"。所以绘图顺序是先绘制外部图形，再绘制内部图形。

● 根据此图形很轻易就可以确定绘制的参考基准中心位于φ32圆的圆心，从标注的定位尺寸就可以看出。作图顺序的图解如图2-23所示。

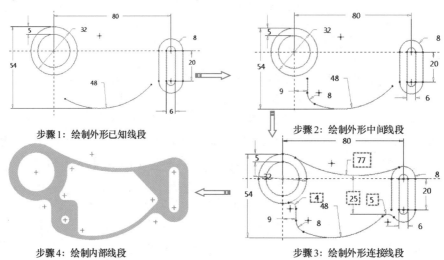

图 2-23　作图顺序图解

01 新建 Mastercam 文件。在【线框】选项卡中单击【已知点画圆】按钮⊕，在上选择条的【光标锁定】列表中选择【原点】类型，确定圆心为坐标系原点，然后绘制直径为 32 的圆，绘制完成后单击【已知点画圆】选项面板中的【确定】按钮✅，如图 2-24 所示。

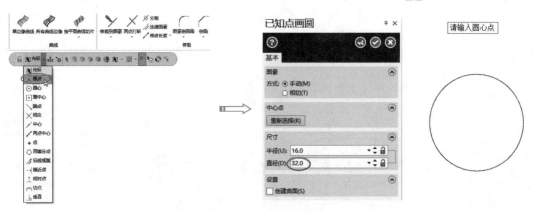

图 2-24　绘制圆

02 同理，在坐标系原点处绘制直径为 22 的圆，如图 2-25 所示。

03 绘制图形基准中心线。单击【线端点】按钮✏、【平行线】按钮✏和【修改长度】按钮✏先绘制多条水平与竖直直线，右击这些直线更改其线型为"点画线"线型，最终绘制的基准中心线如图 2-26 所示。

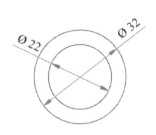

图 2-25 绘制同心圆

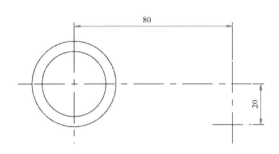

图 2-26 绘制基准中心线

04 先后单击【已知点画圆】按钮 ⊕、【线端点】按钮 ✓、【偏移图素】按钮 ➡ 及【分割】按钮 ✗，绘制出虚线框内部的已知线段，如图 2-27 所示。

☑ 单击【切弧】按钮 ⌄，在弹出的【切弧】选项面板的【方式】列表中选择【两物体切弧】选项，在【半径】文本框中输入半径值 77 并按〈Enter〉键确认，接着在绘图区中选取两个圆（φ32 和 R8）来绘制切线弧，如图 2-28 所示。

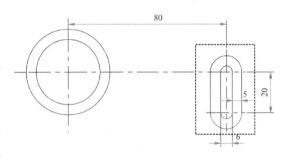

图 2-27 绘制右侧的已知线段

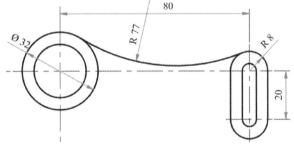

图 2-28 绘制切线弧

05 利用【线端点】和【平行线】命令，绘制两条水平线（并修改线型为点画线），间距为 25，其中一条水平线与 R77 圆弧相切，如图 2-29 所示。

06 利用【切弧】命令，在【切弧】选项面板中选择【两物体切弧】选项并设置半径为 5，在绘图区中选择要相切的两个图素来绘制切弧。绘制切弧后再选择切弧，在弹出的【工具】选项卡的【修剪】面板中单击【修改长度】按钮 ✓，将切弧拉长，如图 2-30 所示。

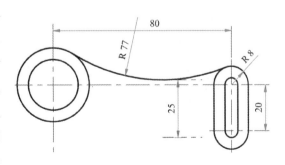

图 2-29 绘制水平线

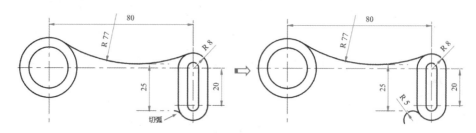

图 2-30　绘制切弧

07 利用【线端点】命令，绘制一条水平线（线型为点画线）。接着利用【切弧】命令选择两个相切图素（水平线和 R5 的圆弧）来绘制切弧，切弧半径为 R48，如图 2-31 所示。

 技术要点　　利用【修剪】面板中的【修改长度】命令可以增加切弧的长度。

08 利用【线端点】命令绘制一条竖直线，如图 2-32 所示。

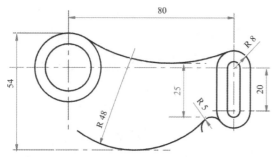

图 2-31　绘制水平线和切弧

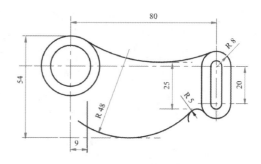

图 2-32　绘制竖直线

09 单击【图素倒圆角】按钮 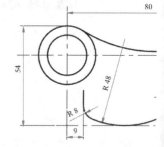，在竖直线与 R48 切弧的相交处绘制半径为 R8 的圆角，如图 2-33 所示。

10 单击【图素倒圆角】按钮，绘制 R4 圆角曲线，如图 2-34 所示。

11 整个零件图形的外轮廓绘制完成，利用【切割】命令删除多余曲线，结果如图 2-35 所示。

12 单击【偏移图素】按钮，偏移出如图 2-36 所示的内部轮廓中的中间线段。

图 2-33　绘制圆角

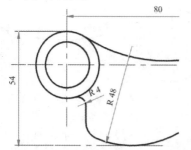

图 2-34　绘制 R4 圆角

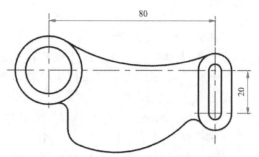

图 2-35　修剪曲线的结果

13 利用【线端点】命令和【垂直正交线】命令，绘制 5 条直线，且两两相互垂直，如图 2-37 所示。

14 利用【偏移图素】命令，选取右侧的竖直中心线往左偏移复制 1 条竖直线，偏距为 9。再利用【图素倒圆角】命令绘制半径为 R3 的圆角曲线，可适当增加圆角曲线的长度，结果如图 2-38 所示。

15 单击【图素倒圆角】按钮 ⌐，创建内部轮廓中相同半径（R3）的圆角，如图 2-39 所示。

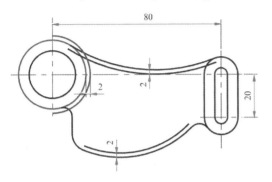

图 2-36　绘制 3 条偏移曲线

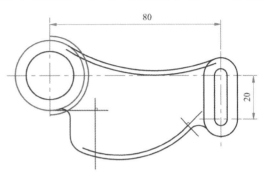

图 2-37　绘制 4 条直线

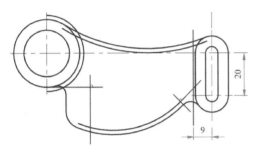

图 2-38　绘制偏移直线

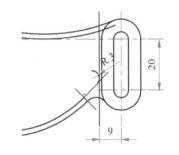

图 2-39　绘制 R3 圆角

16 单击【垂直正交线】按钮 ⊥，弹出【垂直正交线】选项面板。保留默认的【点】方式，然后在绘图区中选取要垂直的参考直线，如图 2-40 所示。

17 在【垂直正交线】选项面板中选中【相切】单选按钮，然后选取 R3 圆角曲线作为相切参考，选取相切参考后随即自动创建垂直正交线，如图 2-41 所示。

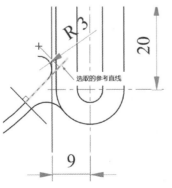

图 2-40　选取垂直参考直线

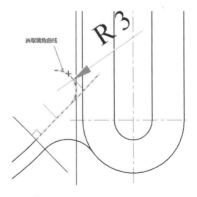

图 2-41　选取相切参考线

18 利用【修改长度】命令拉长上一步骤创建的垂直正交线，结果如图 2-42 所示。

19 利用【图素倒圆角】命令，创建半径为 $R3$ 的圆角，结果如图 2-43 所示。

20 单击【分割】按钮✕修剪图形，结果如图 2-44 所示。

21 单击【已知点画圆】按钮⊕，在左下角圆角半径为 $R8$ 的圆心位置上绘制直径为 $\phi5$ 的圆，如图 2-45 所示。

22 至此，完成了本例零件草图的绘制。

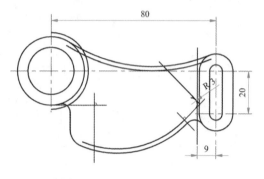

图 2-42　修改垂直正交线的长度

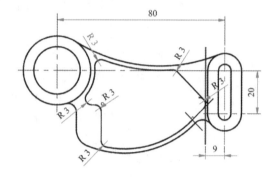

图 2-43　绘制圆角

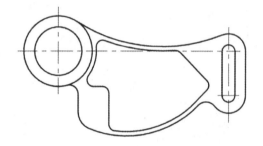

图 2-44　修剪图形

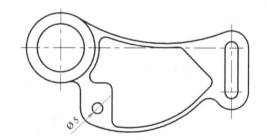

图 2-45　绘制圆

2.2　实体零件设计

实体是指三维封闭几何体，具有质量、体积和厚度等特性，占有一定的空间，由多个面组成。

2.2.1　实体建模工具介绍

在如图 2-46 所示的【实体】选项卡中包含了各种实体建模工具。

图 2-46　【实体】选项卡

1. 基本实体

基本实体包括圆柱、锥体、立方体、球体和圆环 5 种基本类型，如图 2-47 所示。

图 2-47　基本实体

- 圆柱：圆柱体由矩形绕其一条边旋转一周而成。单击【圆柱】按钮█，在弹出的【基本圆柱体】选项面板中设置完半径和高度值后，其余选项保持默认，单击【确定】按钮✓即可完成圆柱体的创建，如图2-48所示。
- 锥体：圆锥体由一条母线绕其轴线旋转而成，其底面为圆，顶面为尖点，单击【锥体】按钮▲，在弹出的【基本圆锥体】选项面板中设置完底部半径、高度及顶部半径值后，单击【确定】按钮✓即可完成圆锥体的创建，如图2-49所示。

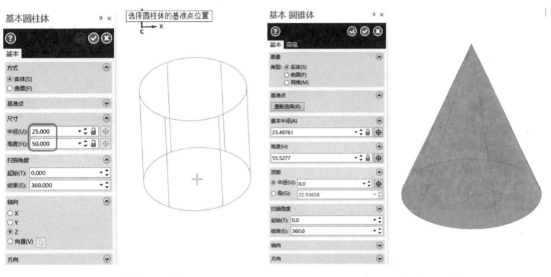

图2-48　创建圆柱体　　　　　　　　　　　　　图2-49　创建圆锥体

- 立方体：立方体的6个面都是长方形，单击【立方体】按钮■，在弹出的【基本立方体】选项面板中设置完原点位置和立方体尺寸后，在图形区中放置立方体，如图2-50所示。
- 球体：球体由半圆弧沿其直径边旋转生成。单击【球体】按钮●，在弹出的【基本球体】选项面板中设置完球体半径值后，在图形区中放置球体，如图2-51所示。

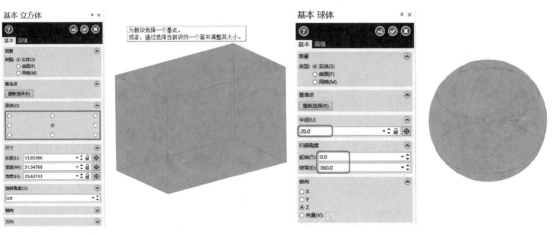

图2-50　创建立方体　　　　　　　　　　　　　图2-51　创建球体

- 圆环：圆环体由一截面圆沿一轴心圆进行扫描产生。单击【圆环】按钮◎，在弹出的【基本圆环体】选项面板中设置完圆环体的大径和小径后，在图形区中放置定义的圆环体，如图2-52

所示。

2. 扫掠实体

扫掠实体是将草图作为模型截面和轨迹线进行扫描的实体图特征。常见的扫掠型实体特征包括拉伸、旋转、举升（放样）和扫描。

- 拉伸实体：【拉伸】命令是将草图截面沿指定的矢量方向拉伸一定的距离而得到实体特征。【拉伸】特征命令可以创建出加材料的拉伸实体，也可以创建出减材料的实体特征。单击【拉伸】按钮，在弹出的【串连选项】对话框中选取拉伸的截面曲线后，将会弹出【实体拉伸】选项面板，如图

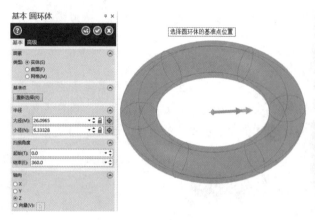

图 2-52　创建圆环体

2-53 所示。在该选项面板中可以创建 3 种拉伸类型：创建主体、切割主体和添加凸台。如果创建的是第一次实体特征，仅有【创建主体】类型可选。如果图形区中已经存在实体特征，那么可以选择【切割主体】类型来创建减材料的拉伸特征，也可以选择【添加凸台】类型来创建子特征。图 2-54 所示为【切割主体】类型和【添加凸台】类型的结果。

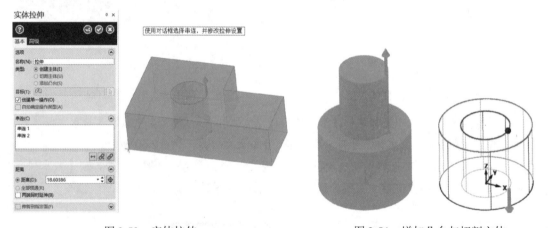

图 2-53　实体拉伸　　　　　　图 2-54　增加凸台与切割主体

- 旋转实体：【旋转】命令能将选取的旋转截面绕指定的旋转中心轴旋转一定的角度从而产生旋转实体或薄壁件。单击【旋转】按钮，选取旋转截面曲线和旋转轴后，在弹出的【旋转实体】选项面板中单击【确定】按钮完成旋转实体的创建，如图 2-55 所示。在【旋转实体】选项面板的【高

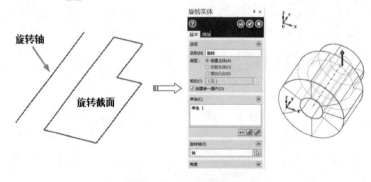

图 2-55　创建旋转实体

级】选项卡中若勾选【壁厚】复选框，可以创建薄壁特征，如图 2-56 所示。

● 扫描实体：扫描实体是采用截面沿指定的轨迹进行扫描形成实体。截面曲线所在平面与引导曲线所在平面必须是法向垂直的。在图形区中选取了截面曲线并引导曲线后，将会弹出【扫描】选项面板，如图 2-57 所示。

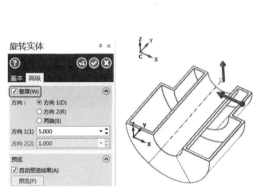

图 2-56　创建薄壁特征

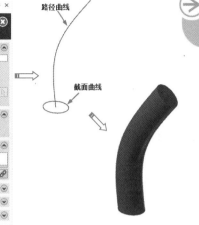

图 2-57　创建扫描实体

● 举升实体：【举升】工具能将选取的多个平行的截面曲线生成平滑过渡实体。单击【举升】按钮 ，选取平行的举升截面曲线，将会弹出【举升】选项面板，如图 2-58 所示。在该选项面板中勾选【创建直纹实体】复选框，也可以创建直纹实体，如图 2-59 所示。

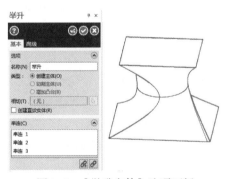

图 2-58　【举升实体】选项面板

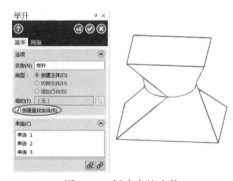

图 2-59　创建直纹实体

技术要点　举升实体对于截面曲线有要求，比如有 3 个平行截面曲线，2 个为矩形 1 个为圆形，矩形由 4 段直线构成，为了便于形成过渡，圆形也必须打断为 4 部分，与矩形的段数要完全相等才能创建举升实体，如图 2-60 所示。

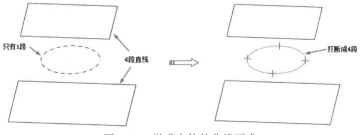

图 2-60　举升实体的曲线要求

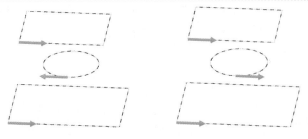

技术要点 举升实体对于平行截面曲线的串连方向也是有要求的，3个截面的串连方向必须一致，否则也不能创建出举升实体。图2-61所示左图中的串连方向是错误的，右图的串连方向是正确的。

图2-61 串连方向的问题

3. 布尔运算

实体布尔运算包括布尔结合、布尔切割和布尔交集。在【创建】面板中单击【布尔运算】按钮 ▦，选择要进行布尔运算的两个相交实体，将会弹出【布尔运算】选项面板，如图2-62所示。

【布尔运算】选项面板中包含有如下3种布尔运算类型。

● 【结合】类型：布尔结合类型可以将两个以上的实体结合成一个整体的实体，如图2-63所示。

● 【切割】类型：布尔切割类型可以采用工具实体对目标体进行切割，目标体只能是一个，工具体则可以选取多个，如图2-64所示。

● 【交集】类型：布尔交集类型可以将目标实体和工具实体进行求交操作，生成新物体为两物体相交的公共部分，如图2-65所示。

图2-62 【布尔运算】选项面板

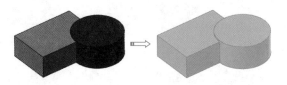

图2-63 布尔结合

图2-64 布尔切割

4. 实体修改

在绘制某些复杂的图形时，光有实体操作和布尔运算还不够，还需要实体圆角和倒角，以及实体抽壳、薄壁加厚、实体拔模等功能进行辅助编辑，才能达到想要的效果。

图2-65 布尔交集

● 固定圆角半径：在【修剪】面板中单击【固定半倒圆角】按钮 ▦，将会弹出【实体选择】对话框。选取要圆角的实体边后再弹出【固定圆角半径】选项面板，设置圆角半径后单击【确定】按钮 ◉ 即可完成圆角的创建，如图2-66所示。

● 面与面圆角：面与面圆角是对选取的面和面之间进行圆角，还可以倒椭圆角。单击【面与面倒圆角】按钮 ▦，将会弹出【实体选择】对话框。选取要圆角的两个相邻实体面后再弹出【面与面倒圆角】选项面板，设置圆角半径后单击【确定】按钮 ◉ 即可完成圆角操作，如图2-67所示。

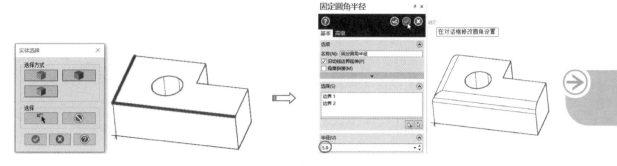

图 2-66　固定圆角

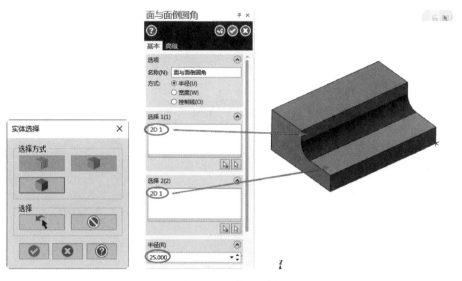

图 2-67　面与面圆角

● 变化圆角：【变化倒圆角】命令可以在同一实体特征上创建出不同圆角半径的圆角。单击【变化倒圆角】按钮，将会弹出【实体选择】对话框。选取要圆角的实体边后，再在弹出的【变化圆角半径】选项面板中修改每一条边界的圆角半径，单击【确定】按钮即可完成圆角操作，如图2-68所示。

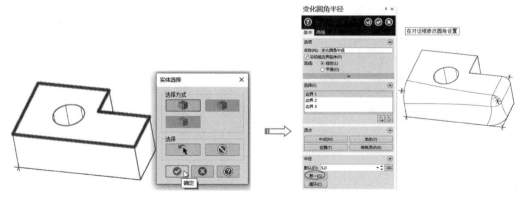

图 2-68　变化倒圆角结果

● 倒角：某些零件，特别是五金零件，尖角部分若采用圆角过渡，用普通机床加工会不方便，因此一般采用倒角方式来处理。倒角类型有【单一距离倒角】【不同距离倒角】和【距离与角度】倒角3种。单击【单一距离倒角】按钮，选取某条边后在弹出的【单一距离倒角】选项面板中设置倒角距离值后，单击【确定】按钮即可完成倒角操作，如图2-69所示。

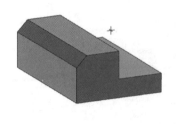

图2-69　单一距离倒角

● 实体抽壳：在塑料产品中，通常需要将产品抽成均匀薄壁，以利于产品均匀收缩。单击【抽壳】按钮，选取要抽壳的实体面后，在弹出的【抽壳】选项面板中设置抽壳厚度后，单击【确定】按钮即可完成抽壳操作，如图2-70所示。

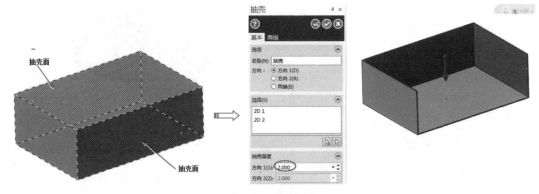

图2-70　抽壳操作

● 薄片加厚：【薄片加厚】命令可以对开放的薄片实体进行加厚处理，形成封闭实体。单击【薄片加厚】按钮，选取要加厚的薄片后将会弹出【加厚】选项面板。在该选项面板中设置加厚厚度值，单击【确定】按钮即可完成加厚，如图2-71所示。

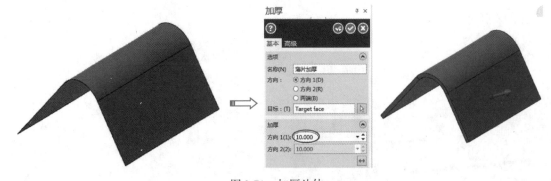

图2-71　加厚片体

> **技术要点**　如果是曲面，是不能直接使用【加厚】按钮来创建加厚特征的，需要先将曲面使用【由曲面生成实体】工具转换成片体，才可以将其加厚成实体。

2.2.2 实战案例——摇臂零件实体建模

参照如图 2-72 所示的三视图构建摇臂零件模型，注意其中的对称、相切、同心、阵列等几何关系，具体操作步骤如下。

读者可扫描右侧二维码实时观看本案例教学视频。

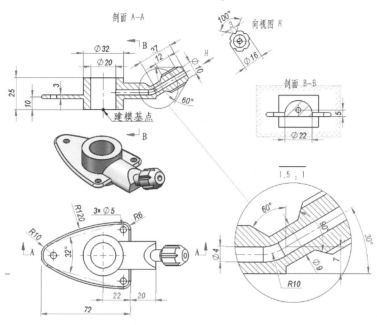

图 2-72　摇臂零件三视图

绘图分析

- 参照三视图，确定建模起点在"剖面 A—A"主视图 $\phi32$ 圆柱体底端平面的圆心上。
- 基于"从下往上""由内向外"的建模原则。
- 所有特征的截面曲线来自各个视图的轮廓。
- 建模流程的图解如图 2-73 所示。

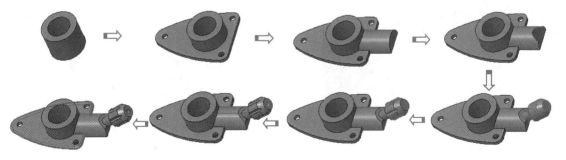

图 2-73　建模流程图解

1）创建第 1 个主特征——拉伸特征，具体操作步骤如下。

01 新建 Mastercam 文件。在【平面】管理器面板中保留俯视图平面作为草图平面，然后单击【线框】选项卡【圆弧】面板中的【已知点画圆】按钮 ⊕，在坐标系原点处绘制一组同心圆，直径分别是 32 和 20，如图 2-74 所示。

02 在【实体】选项卡的【创建】面板中单击【拉伸】按钮 ↟，将会弹出【线框串连】对话框和【实体拉伸】选项面板。选择绘制的同心圆图形，单击【线框串连】对话框中的【确定】按钮 ✔。在【实体拉伸】选项面板中设置拉伸距离为25，最后单击【确定】按钮 ✔ 完成拉伸实体的创建，如图 2-75 所示。

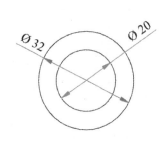

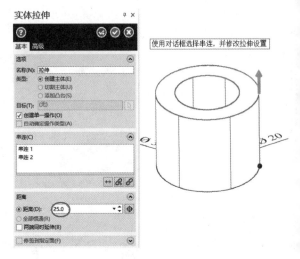

图 2-74 绘制草图　　　　　　　　　　图 2-75 创建第一个拉伸实体

2）创建第 2 个主特征，具体操作步骤如下。

01 在绘图区窗口左侧的【平面】管理器面板中选择【创建新平面】|【相对于 WCS】|【俯视图】命令，将会弹出【新建平面】选项面板。在该选项面板的【原点】选项组中输入 Z 轴的增量值为 10，重新命名平面为"基准面 1"，单击【确定】按钮完成新平面的创建，如图 2-76 所示。

02 设置"基准面 1"平面为当前工作平面，利用【线框】选项卡中的绘线工具绘制图 2-77 所示的图形。

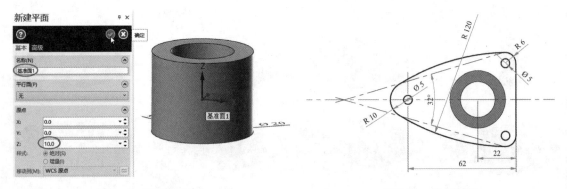

图 2-76 新建基准面 1　　　　　　　　　　图 2-77 绘制图形

03 在【实体】选项卡中单击【拉伸】按钮 ↟，选取上一步骤绘制的图形，在【实体拉伸】选项面板中选中【添加凸台】单选按钮，勾选【两端同时延伸】复选框，设置拉伸距离为 1.5，最后单击【确定】按钮 ✔ 完成拉伸实体的创建，如图 2-78 所示。

04 单击【固定半倒圆角】按钮 ◗，选取拉伸实体 2 的上下边缘来创建半径为 1.5 的圆角，如图2-79所示。

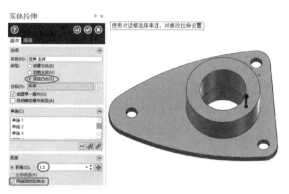

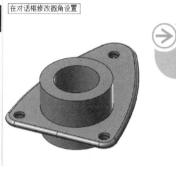

图2-78 创建拉伸实体2   图2-79 创建圆角

3) 创建第3个特征，具体操作步骤如下。

01 在【平面】管理器面板中选择【创建新平面】|【相对于WCS】|【右视图】命令，将会弹出【新建平面】选项面板。在该选项面板的【原点】选项组中输入Z轴的增量值为42，重新命名平面为"基准面2"，单击【确定】按钮即可完成新平面的创建，如图2-80所示。

02 设置基准面2为当前工作平面。利用【线框】选项卡中的绘线命令绘制如图2-81所示的图形。

> **技术要点** 确定圆的圆心时，不要在已有模型上选取点，否则将不会在基准面2上绘制圆形，必须是输入圆心坐标，才能保证在所需平面上绘制。

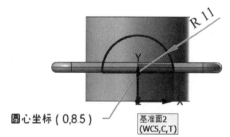

图2-80 新建基准面2   图2-81 绘制图形

03 在【实体】选项卡中单击【拉伸】按钮，选取上一步骤绘制的图形，然后在【实体拉伸】选项面板中勾选【修剪到指定面】复选框，单击【添加选择】按钮，选取实体面，如图2-82所示。

04 选取实体面后返回【实体拉伸】选项面板中设置拉伸距离为45，最后单击【确定】按钮即可完成拉伸实体的创建，如图2-83所示。

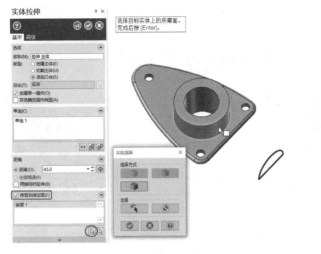

图 2-82 选择修剪指定面　　　　　　图 2-83 创建拉伸实体 3

4）创建第 4 个特征（拉伸切除特征），具体操作步骤如下。

01 在【平面】管理器面板中设置前视图平面为工作平面。利用【线框】选项卡中的绘线工具绘制如图 2-84 所示的图形。

02 单击【拉伸】按钮🔲，选取上一步骤绘制的图形，然后在【实体拉伸】选项面板中选中【切割主体】单选按钮，勾选【两端同时延伸】复选框，输入拉伸距离为 20。创建完成的拉伸切除特征如图 2-85 所示。

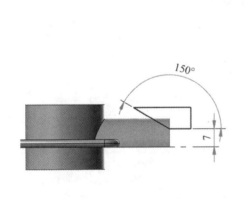

图 2-84 绘制图形　　　　　　图 2-85 创建拉伸切除特征

5）创建第 5 个特征，具体操作步骤如下。

01 设置前视图平面为当前工作平面。利用【绘线】工具绘制如图 2-86 所示的草图曲线。

> **技术要点** 有些直线的长度不好确定，可以先随意绘制任意长度，随后标注此直线，计算出实际长度和预想长度之间的差距，然后利用【修改长度】命令缩短这个差距值即可。

02 单击【旋转】按钮🔲，选取图形和旋转轴（标注为 27、倾角为 30°的斜线），在【旋转实体】选项面板中选中【添加凸缘】单选按钮，再单击【确定】按钮◎即可完成旋转实体的创建，如图 2-87 所示。

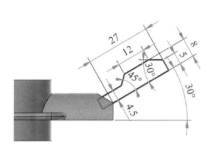

图 2-86 绘制草图

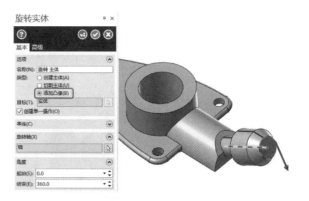

图 2-87 创建旋转特征 1

6）创建子特征——拉伸切除，具体操作步骤如下。

01 在【平面】管理器面板中单击【创建新平面】|【依照实体面】命令，然后选择旋转实体的端面创建新基准面 3，如图 2-88 所示。

02 设置基准面 3 作为工作平面。利用【线框】选项卡中的绘线命令绘制如图 2-89 所示的草图曲线。

图 2-88 新建基准面 3

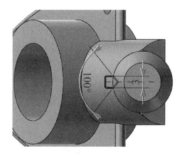

图 2-89 绘制草图

03 单击【拉伸】按钮，选取上一步骤绘制的图形，然后在【实体拉伸】选项面板中选中【切割主体】单选按钮，勾选【两端同时延伸】复选框，输入拉伸距离为 20。创建完成的拉伸切除特征如图 2-90 所示。

04 在【创建】面板中单击【旋转阵列】按钮，在弹出的【实体选择】对话框中选择拉伸切除特征面作为阵列对象，如图 2-91 所示。

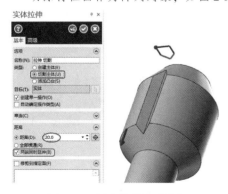

图 2-90 创建拉伸切除特征

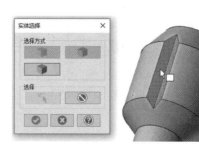

图 2-91 选择阵列对象

05 在弹出的【旋转阵列】选项面板中设置【阵列次数】为6并选中【完整循环】单选按钮，单击【中心点】选项后面的【自动抓点】按钮 ⊕，选取旋转实体的端面中心点为阵列中心点，如图2-92所示。

06 单击【确定】按钮 ✅ 即可完成阵列操作，如图2-93所示。

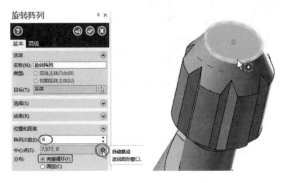

图2-92　选取阵列中心点　　　　　　　　　图2-93　创建阵列特征

7）创建子特征——扫描切除特征，具体操作步骤如下。

01 设置前视图平面作为当前工作平面。绘制如图2-94所示的草图曲线。然后在旋转实体端面绘制如图2-95所示的草图曲线。

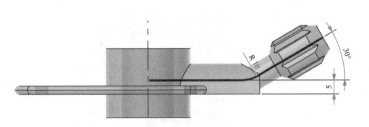

图2-94　绘制草图曲线　　　　　　　　　图2-95　在旋转特征端面绘制圆

02 单击【扫描】按钮 🖋，将会弹出【扫描】选项面板。选取上一步骤绘制的端面圆曲线作为轮廓串连，再选择扫描路径曲线，如图2-96所示。图2-97所示为扫描切除特征的剖面示意图。

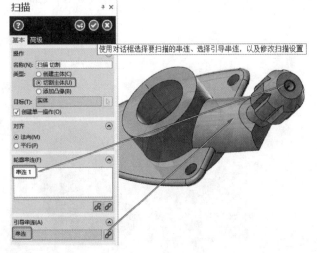

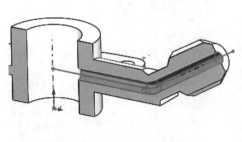

图2-96　选择轮廓和路径曲线创建扫描切除特征　　　　　图2-97　剖面示意图

03 至此，完成整个摇柄零件的创建，如图 2-98 所示。

图 2-98 完成的摇柄零件

2.3 产品曲面造型

曲面造型是 Mastercam 2022 的三维造型中很重要的部分，对于一般的形状可以采用实体造型进行解决，但是对于比较复杂的造型，实体往往不能满足要求，这时就需要通过构建曲线，再通过曲线构面，由面再组合成体，往往能达到实体造型做不到的效果。

2.3.1 曲面创建与编辑工具

Mastercam 的曲面创建工具包括基本的曲面工具和高级曲面工具。曲面创建工具在【曲面】选项卡的【基本曲面】和【创建】面板中，如图 2-99 所示。

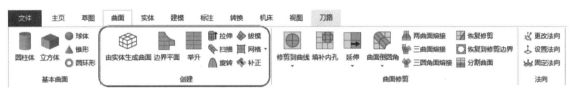

图 2-99 高级曲面命令

1. 基本三维曲面

基本曲面包括圆柱体、圆锥体、立方体、球体和圆环体五种基本类型，如图 2-100 所示。

基本曲面的绘制与基本实体的绘制原理是相同的，只是在打开的选项面板中设置特征方式为【实体】，就生成基本实体特征，若设置为【曲面】，则生成为基本曲面特征。

图 2-100 基本曲面

2. 高级曲面命令

所谓"高级曲面"，一般指能够建立复杂外形的曲面工具。在这些曲面命令中，【拉伸】【扫描】【旋转】【举升】【拔模】等命令执行方式及操作过程与前面的扫掠型实体命令是完全相同的，鉴于篇幅限制，不再赘述。下面仅介绍【由实体生成曲面】【边界平面】【网格】【补正】等功能命令。

- 由实体生成曲面：【由实体生成曲面】按钮可以将任何实体的表面转换成 NURBS 曲面，此功能等同于复制实体表面产生曲面。
- 网格曲面：网格曲面是采用一系列的横向和纵向的网格线组成的线架产生网格曲面，如图 2-101 所示。

 技术要点 网格曲面是在以前版本的昆氏曲面基础上改进而来，采用边界矩阵计算出空间曲面，操作方式灵活，曲面的边界线可以相互不连接、不相交。

图 2-101　由线架生成网格曲面

● 围篱曲面：围篱曲面是采用某曲面上的线直接生成垂直于基础曲面或偏移一定角度的曲面。单击【围篱】按钮，将会弹出【围篱曲面】选项面板。要创建围篱曲面，必须准备一个曲面和一条曲面上的曲线，如图 2-102 所示。围篱曲面有三种熔接方式，即为"固定"围篱曲面、"线性锥度"围篱曲面与"立体混合"围篱曲面，如图 2-103 所示。

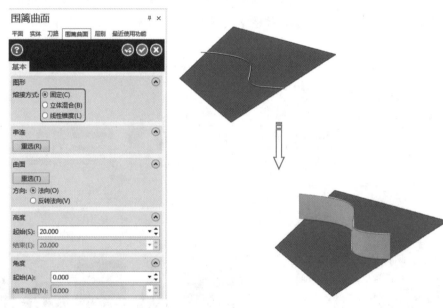

图 2-102　创建围篱曲面

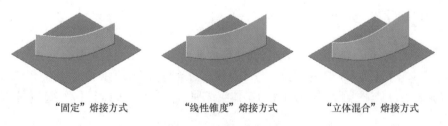

"固定"熔接方式　　　　"线性锥度"熔接方式　　　　"立体混合"熔接方式

图 2-103　三种熔接方式

● 边界平面：边界平面命令用于绘制平面形的曲面，要求所选取的截面必须是二维的，可以不需要封闭，会提示用户是否进行封闭处理，如图 2-104 所示。

● 曲面补正：曲面补正是将选取的曲面沿曲面法向方向偏移一定的距离产生新的曲面，当偏移方向是指向曲面凹侧时，偏移距离要小于曲面的最小曲率半径，创建的偏移曲面如图 2-105 所示。

图 2-104　平面边界曲面

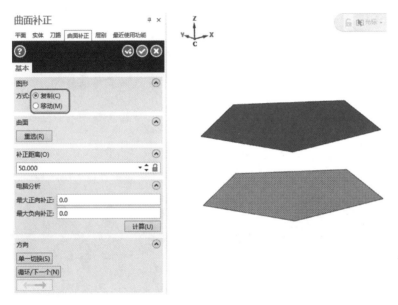

图 2-105　创建偏移曲面

3.曲面圆角

曲面圆角有三种形式，曲面与曲面圆角、曲线与曲面圆角、曲面与平面圆角，如图 2-106
所示。

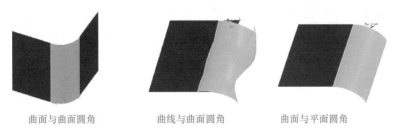

曲面与曲面圆角　　　　曲线与曲面圆角　　　　曲面与平面圆角

图 2-106　曲面圆角的 3 种形式

4.曲面延伸

曲面延伸工具可以将曲面沿曲面边缘进行延伸。延伸工具包括【延伸】和【延伸到修剪边界】。

【延伸】是指修改曲面的边界，适当扩大或缩小曲面的伸展范围以获得新的曲面的操作方法。
不能延伸修剪曲面的边界，只能在修剪边界上提取边界曲线后才能使用此工具。

【延伸到修剪边界】与【延伸】命令相似，所不同的是：【延伸】工具在使用之前，曲面边缘上必须有边界曲线；而【延伸到修剪边界】工具可以直接从曲面边缘开始延伸，而不需要准备边界曲线，如图 2-107 所示。

【延伸】：需要边界曲线　　【延伸到修剪边界】：不需要边界曲线

图 2-107　【延伸】与【延伸到修剪边界】的应用

5. 曲面修剪

曲面修剪是利用曲面、曲线或平面来修剪另一个曲面，曲面修剪有三种形式：修剪到曲线、修剪到曲面和修剪到平面。

修剪到曲线的范例如图 2-108 所示。

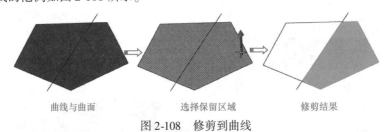

曲线与曲面　　　　选择保留区域　　　　修剪结果

图 2-108　修剪到曲线

修剪到曲面的范例如图 2-109 所示。

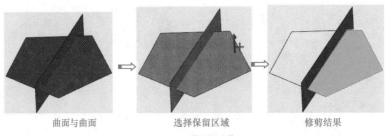

曲面与曲面　　　　选择保留区域　　　　修剪结果

图 2-109　修剪到曲面

修剪到平面的范例如图 2-110 所示。

单个曲面　　　　选择修剪平面　　　　修剪结果

图 2-110　修剪到平面

6. 填补内孔

【填补内孔】按钮是对曲面内部的破孔进行填补，与恢复曲面内边界操作很类似，不过填补内孔之后的曲面跟原始曲面是两个曲面，而恢复操作是一个曲面。单击【填补内孔】按钮，选取要填补内孔的曲面后，移动箭头到要选取内边界，即可将内部破孔填补，如图 2-111 所示。

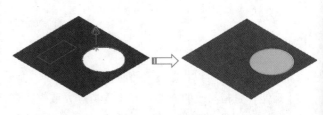

图 2-111　填补内孔

7. 分割曲面

【分割曲面】命令用于对单曲面进行快速分割。单击【分割曲面】按钮▦，弹出【分割曲面】选项面板。选取要分割的曲面后指定分割位置（将箭头滑动到要切割曲面的位置），随后自动分割曲面，在【分割曲面】选项面板中选择【U】选项或【V】方向，改变分割方向，如图2-112所示。

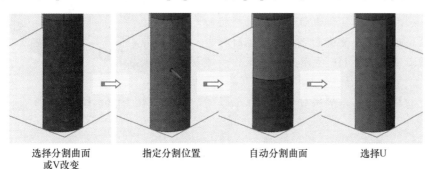

选择分割曲面　　　　指定分割位置　　　　自动分割曲面　　　　选择U
或V改变

图2-112　分割曲面

8. 两曲面熔接

【两曲面熔接】是通过创建一个相切连续的曲面将分隔的两个曲面连接在一起，如图2-113所示。

9. 三曲面熔接

【三曲面熔接】是将三个分割的曲面以曲率连续的方式进行熔接，其创建的熔接曲面分别与三个曲面相切连续，如图2-114所示。

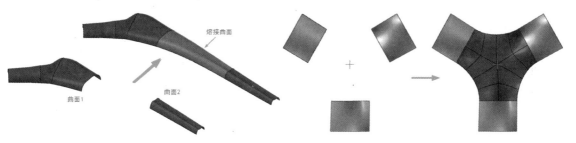

图2-113　两曲面熔接　　　　　　　　　　图2-114　三曲面熔接

10. 三圆角面熔接

【三圆角曲面熔接】命令仅针对三个圆角曲面来创建熔接曲面，如图2-115所示。

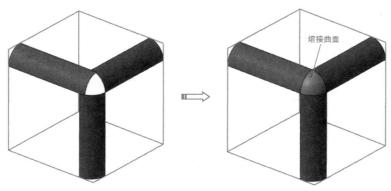

图2-115　三圆角面熔接

2.3.2 实战案例——自行车坐垫曲面造型

自行车坐垫是人在骑车时承载整个人体重的部件，要求做到曲面光滑，使用舒服。Mastercam绘制此类产品还是非常有难度的，本例巧妙地将难度化解。采用曲线熔接和曲面修剪等命令将曲线进行光顺处理，从而使曲面非常光滑。自行车坐垫的曲面造型如图 2-116 所示，具体操作步骤如下。

读者可扫描右侧二维码实时观看本案例教学视频。

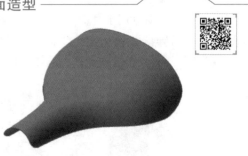

图 2-116　自行车坐垫

01 新建 Mastercam 文件。

02 在【线框】选项卡中单击【手动画曲线】按钮，以确定四个点来绘制样条曲线，四个点坐标分别为（0，50），（140，60），（320，150），（500，200），绘制完成的样条曲线如图 2-117 所示。

03 在【线框】选项卡的【绘线】面板中单击【连续线】按钮，绘制两条直线，如图 2-118 所示。

图 2-117　绘制样条曲线

图 2-118　绘制直线

04 在【线框】选项卡的【修剪】面板中单击【编辑样条线】按钮，选取曲线的控制点，将其移动到直线端点，结果如图 2-119 所示。

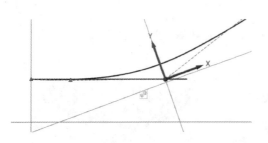

拖动控制点到直线上

图 2-119　修改控制点的位置

05 选中样条曲线，然后在【变换】选项卡中单击【镜像】按钮，将其镜像复制到 X 轴的另一侧，结果如图 2-120 所示。

06 设置右视图剖面为当前工作平面（也是绘图平面）。单击【极坐标画弧】按钮，绘制如图 2-121 所示的圆弧。

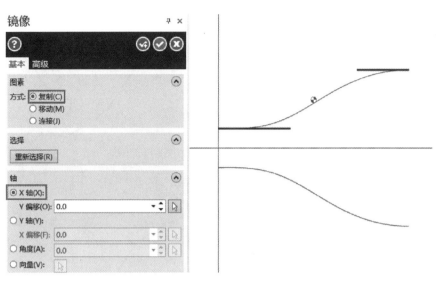

图 2-120　镜像曲线

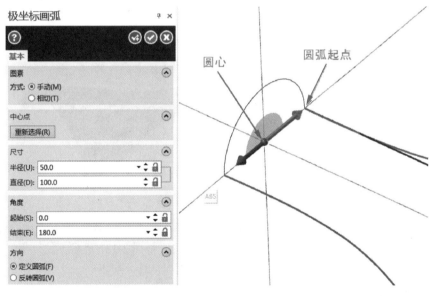

图 2-121　绘制圆弧

07 在【线框】选项卡中单击【手动画曲线】按钮，绘制经过三个点的样条曲线，样条曲线的第一点在镜像曲线端点上，第二点的坐标输入为（0，120，500），第三点在另一曲线的端点，绘制的样条曲线如图 2-122 所示。

08 在【线框】选项卡的【绘线】面板中单击【连续线】按钮，绘制两条长为 120 的直线，如图 2-123 所示。

09 在【线框】选项卡的【修剪】面板中单击【编辑样条线】按钮，分别选取曲线的第二个和第四个控制点，将其移动到刚绘制的直线端点上，如图 2-124 所示。

10 利用【分割】命令将多余的线条删除。删除结果如图 2-125 所示。

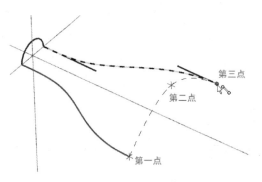

图 2-122　绘制样条曲线

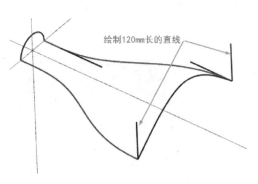

图 2-123　绘制两条直线

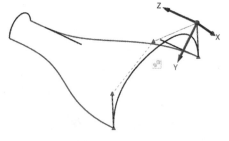

图 2-124　修改控制点

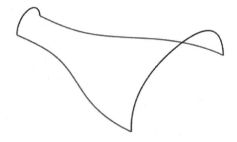

图 2-125　删除多余线

11 在【曲面】选项卡的【创建】面板中单击【网格】按钮，框选选取 4 条样条曲线创建网格曲面，如图 2-126 所示。

图 2-126　创建网格曲面

12 设置前视图为绘图平面。在【线框】选项卡的【曲线】面板中单击【曲线熔接】按钮，在 4 条样条曲线的交点处绘制四条熔接曲线，如图 2-127 所示。

图 2-127　创建熔接曲线

13 在【曲面】选项卡的【创建】面板中单击【围篱】按钮 ，选取上一步骤创建的熔接曲线来创建围篱曲面，如图 2-128 所示。

图 2-128　创建围篱曲面

14 单击【延伸】按钮 ，选取围篱曲面向内部进行延伸，如图 2-129 所示。同理，将网格曲面向外延伸一定距离，如图 2-130 所示。

> **技术要点**　将网格曲面和围篱曲面都进行延伸的目的，就是为了使两组曲面能完全相交，以此能顺利完成曲面修剪操作。

图 2-129　创建围篱曲面的延伸

15 在【曲面】选项卡的【修剪】面板中单击【修剪到曲面】按钮 ，选取网格曲面为第一组曲面，选取延伸曲面为第二组曲面，网格曲面内部作为保留区域，修剪结果如图 2-131 所示。至此，完成了自行车坐垫曲面的构建。

图 2-130　延伸网格曲面　　　　图 2-131　修剪完成的坐垫曲面

2.4 综合案例——模具分模设计案例解析

模具设计的主要工作即是参照产品进行分模设计，分模设计的任务包括调整模具开模方向、设置产品收缩率、产品预处理和分型设计。

对圆形塑胶盖产品进行分模，该模具采用单型腔模具布局。图 2-132 所示为分模完成的型芯与型腔零件，具体操作步骤如下。

读者可扫描右侧二维码实时观看本案例教学视频。

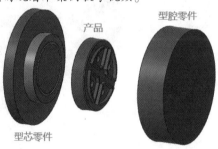

图 2-132 产品与型芯、型腔零件

2.4.1 调整模具开模方向

在 Mastercam 中，始终规定世界坐标系（也就是绘图区左下角的坐标系）的 Z 轴正方向为模具开模方向。

由于产品原始方向与开模方向并不一致，因此需要调整开模方向。为了让产品尽量留在型芯一侧（一般指产品内侧），则需让产品外表面在 Z 轴正方向上，具体操作步骤如下。

01 在快速访问工具栏中单击【打开】按钮，打开"源文件\Ch02\2-1. mcam"w 文件。

02 在管理器面板的【平面】选项面板的平面列表中选择【前视图】选项，再单击【设置当前 WCS 的绘图平面】按钮完成工作平面（绘图平面）的设置。

03 在【视图】选项卡的【轴线显示】面板中单击【显示指针】按钮打开 WCS 坐标系，可以看出模型的外表面正对 Z 轴负方向，由于坐标系是不能旋转的，只能旋转模型。

04 在【转换】选项卡中单击【旋转】按钮，选取产品后在弹出的【旋转】选项面板中设置旋转角度为 180°，单击【确定】按钮完成产品模型的旋转，如图 2-133 所示。

> **技术要点** 一般来讲，分型线在产品最大投影面的轮廓边上，同时为了保证产品外部的表面质量，最终确定分型线在产品底部最大轮廓边上，因此要将产品模型进行移动操作，使工作坐标系处于产品底部中心点上。

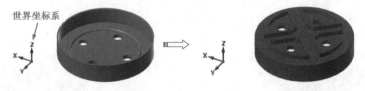

图 2-133 旋转产品模型

05 在【转换】选项卡的【位置】面板中单击【平移】按钮，将模型向 Z 轴正方向移动后 25，结果如图 2-134 所示。

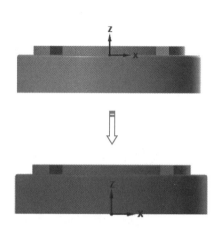

图2-134 平移

2.4.2 设置产品缩水率

做模具设计都要考虑产品的缩水问题，这就是人们常说的"缩水率"。假定本例产品材料为ABS，缩水比例为1.005，具体操作步骤如下。

01 在【转换】选项卡的【比例】面板中单击【缩放】按钮 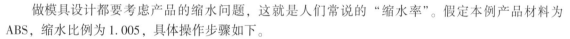，选取产品后将会弹出【比例】选项面板。

02 在【比例】选项面板中设置缩放比例的值为1.005，单击【确定】按钮 即可完成产品缩水率的设置，如图2-135所示。

2.4.3 产品拔模处理

由于塑料件成型后需要脱模，如果侧边完全平行与开模方向，则开模阻力极大，并且会拉伤产品外观，因此，在开模平行方向建议拔模1°~3°便于脱模，具体操作步骤如下。

01 在【主页】选项卡的【分析】面板中单击【动态分析】按钮 动态分析，首先选择产品模型的外侧面作为要分析的图形，然后移动箭头位置，结合【动态分析】对话框查看该面的角度值，如图2-136所示。得知所选面的拔模角度值为0°，需要进行拔模处理。

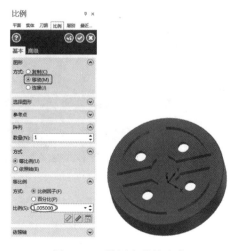

图2-135 设置产品缩水率

图2-136 动态分析

02 在【建模】选项卡的【修剪】面板中单击【查找特征】按钮 查找特征，在弹出的【查找特征】选项面板中选中【移除特征】单选选项，设置半径最小值为0、最大值为2，单击【确定】按钮后移除1圆角边界，如图2-137所示。

03 在【实体】选项卡的【修剪】面板中单击【拔模】按钮 ，按信息提示选择要拔模的面。接着选择一个平面作为拔模固定参考面。随后在弹出的【依照实体面拔模】选项面板中设置拔模的角度值为1。最后单击【确定】按钮完成拔模操作，结果如图2-138所示。

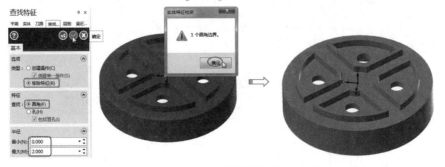

图2-137 移除圆角特征

选择要拔模的面   选择拔模参考平面   设置拔模角度

图2-138 拔模操作

04 同理，为产品中的其他竖直面进行拔模处理，如图2-139所示。

05 重新为产品圆角，如图2-140所示。

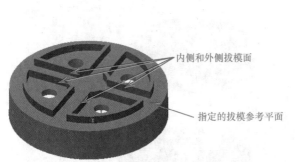

内侧和外侧拔模面

指定的拔模参考平面

图2-139 其余竖直面的拔模处理

倒圆角处理

图2-140 重新圆角处理

2.4.4 分型设计

产品处理完毕后即进行毛坯工件的创建，方便后续掏空产品位和分割出公母模零件（型芯与型腔零件），具体操作步骤如下。

01 在【层别】选项面板中激活图层 2 作为当前主图层。在【线框】选项卡的【形状】面板中单击【边界盒】按钮 🔲，按住〈Ctrl + A〉快捷键选择全部图形，选择后将会弹出【边界盒】选项面板。

02 在【边界盒】选项面板中设置边界盒的形状及尺寸，单击【确定】按钮完成边界盒的创建，如图 2-141 所示。

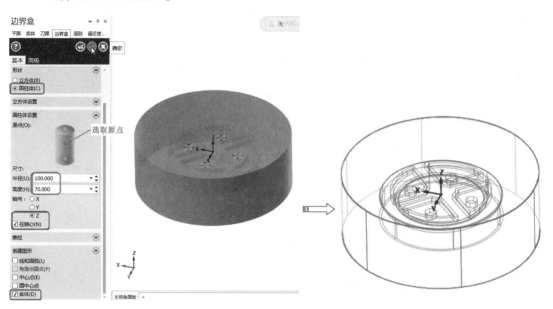

图 2-141 创建边界盒（毛坯工件）

03 在【实体】选项卡的【创建】面板中单击【布尔】按钮 🔲，首先选择边界盒实体作为目标主体，然后再选取产品模型为工件主体，在弹出的【布尔运算】选项面板中设置布尔类型为"切割"，并勾选【保留原始工件实体】复选框，最后单击【确定】按钮完成工件的分割，如图 2-142 所示。

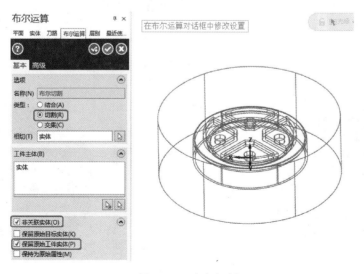

图 2-142 布尔切割

04 在【实体】选项卡的【修剪】面板中单击【依照平面修剪】按钮 🐦，选择布尔切割后的工件作为修剪主体，将会弹出【依照平面修剪】选项面板。

05 在【依照平面修剪】选项面板中勾选【分割实体】复选框，然后单击【指定平面】按钮 🔲，选取修剪平面为"俯视图"，如图2-143所示。

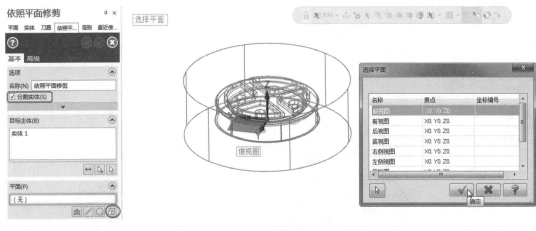

图2-143 选择分割平面

06 单击【确定】按钮完成工件的分割，得到2个实体，如图2-144所示。

07 关闭图层2的显示，仅显示产品模型。在【曲面】选项卡中单击【由实体生成曲面】按钮 📦，抽取实体面，如图2-145所示。

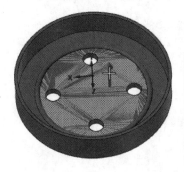

实体1　　　　　　实体2

图2-144 分割出来的2个实体

抽取的实体面

图2-145 抽取实体面

08 单击【恢复到修剪边界】按钮 ⚙️ 恢复到修剪边界，再选取曲面后移动箭头到破孔处单击，确定移除所有内部边界，结果如图2-146所示。

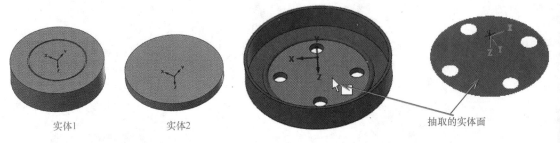

图2-146 恢复曲面到修剪边界

09 新建一个图层，将抽取的曲面转移到该图层中。

10 单击【修剪到曲面/薄片】按钮，先选取实体 1 作为目标主体，再选取抽取曲面作为修剪曲面，在弹出的【修剪到曲面/薄片】选项面板中勾选【分割实体】复选框，最后单击【确定】按钮将实体 1 分割成 2 个实体，如图 2-147 所示。

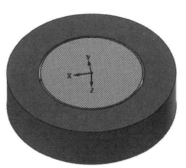

图 2-147　曲面分割实体

11 单击【布尔】按钮，选取中间小块的实体和实体 2 进行合并，得到型芯零件，结果如图 2-148 所示。

12 至此完成了本例产品的分模工作。型腔零件如图 2-149 所示。

图 2-148　布尔合并得到的型芯　　　　　　图 2-149　型腔零件

第3章 数控加工公共参数解析

本章导读 《

Mastercam 2022 加工时需要设置一些常用的参数，包括刀具设置、加工工件设置、加工仿真模拟、加工通用参数设置、三维曲面加工参数设置等。这些参数除了少部分是特殊的刀路才有的，其他的大部分参数是所有刀路都需要设置的，因此，掌握并理解这些参数是非常重要的。

3.1 Mastercam 铣削加工类型

Mastercam 铣削模块为用户创造高效、简捷的编程体验。通过深入挖掘机床性能，可以有效提升用户的生产速度和效率。

Mastercam 结合多种特殊功能及优点，如容易使用，刀具功能自动化，实时毛坯模型进程更新，刀路智能化以及工艺参数保存功能等，为用户提供高效、精简的加工配套。

Mastercam 2022 的铣削功能在【机床】选项卡中，如图 3-1 所示。

图 3-1 Mastercam【机床】选项卡

Mastercam 的铣削类型（即机床类型）包括2D/3D 铣削、车削、车铣复合铣削、线切割及木雕等。

3.3.1 铣削

Mastercam 铣削模块的功能强大，不论是基本、复杂的 2D 加工还是单面或高级的 3D 铣削，都能满足编程师的需要。

2D/3D 铣削的主要特点如下。

- 高速加工（High Speed Machining，HSM）结合高进给速率、高主轴转速、指定工具及特殊刀具联动，缩短生产周期并提高加工质量。
- 动态铣削提高加工工艺的一致性，实现刀具全槽长的使用同时减少加工时间。
- 高速优化开粗（OptiRough）可以更有效、快速地切除大量毛坯。
- 混合精加工以智能化的方式融合了多个相应切削技术，使其形成统一的刀路。
- 3D 刀路优化功能让用户完美的控制切削性能、完成精致优秀的成品及缩短加工周期。
- 余料加工（再加工）功能自动确认小型刀具的加工范围。
- 基于特征加工功能自动分析零件特征并设计、生成有效的加工策略。
- 仿真功能的加工前模拟让用户更有自信的去尝试复杂的刀路。

在【机床类型】面板中单击【铣削】|【默认】命令，将会弹出【铣床-刀路】选项卡，如图 3-2 所示。

利用【铣床-刀路】选项卡中的工具，可以创建出利用数控铣床进行加工的 2D、3D 及多轴加工刀路。

图 3-2　【铣床-刀路】选项卡

3.3.2　车削

高效的车削加工不仅仅取决于刀路编程。Mastercam 车削为用户提供一系列工具来优化整个加工过程。从简捷的 CAD 功能和实体模型加工到强大的精、粗加工，都可以按自己的想法与创意进行各种加工。

Mastercam 车削加工的主要功能如下。

- 简易的精粗加工、螺纹加工、切槽、镗孔、钻孔及切断作业。
- 与 Mastercam 铣削结合，给用户完整的车铣性能。
- 专为 ISCAR 的 Cut Grip 刀头而设计的切入车削刀路。
- 变量深度粗加工可防止粗加工时在型材上来回经过同一点时形成"槽"。
- 智能型的内、外圆粗加工；包括铸件边界的粗加工。
- 刀具监控功能让用户在精、粗加工和切槽中途停止加工，检查刀头。
- 快速分析几何体，设置零件调动操作将零件从主轴转移到副主轴或进行型材放置，最后实行切断刀路。

在【机床】选项卡的【机床类型】面板中单击【车床】|【默认】命令，将会弹出【车床】选项卡，该选项卡又包含了【车床-车削】【车床-铣削】和【车床-木雕刀路】等 3 个子选项卡，如图 3-3 所示。

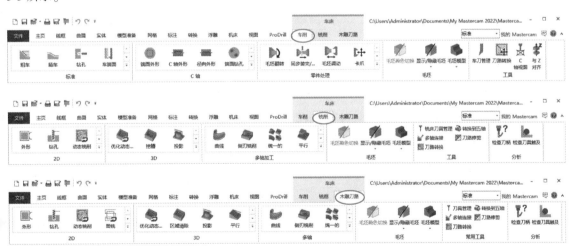

图 3-3　【车床】选项卡中的 3 个子选项卡

【车床-车削】选项卡中的加工功能可以创建出常规的车削、钻孔、镗孔等刀路。

【车床-铣削】选项卡与【铣床-刀路】选项卡的加工功能是完全一致的。

【车床-木雕刀路】选项卡中的加工功能主要用于雕刻加工，常见的家具厂木材装饰件的雕刻可利用车床进行车削雕刻加工。

3.1.3　车铣复合

现今金属加工中，车铣复合加工中心功能强大但操作复杂，Mastercam 车铣复合模块可以有效简化这些加工中心的操作，使车铣复合加工变得更加简单快捷。使用 Mastercam 车铣复合（Mill-Turn）可以避免复杂的工件设置，工件人工多次装夹及多余的夹具设置，可有效减少车间的停滞时间，提高加工效率。Mastercam 车铣复合简化了车削和车铣加工中心的工件设置。智能工作平面选项简化了设置步骤，只需指定所使用的刀塔和主轴，载入 Mastercam 成熟的铣削和车削刀路，即可创建用户需求的加工刀路，车铣复合将不再是烦琐复杂的工作。

Mastercam 的车铣复合模块（Mill-Turn）使车铣加工中心的工序设置变得简单高效，大幅降低了车铣复合编程的难度。要使用 Mastercam 的车铣复合模块，必须购买正版软件获得许可，再得到正版的车铣复合加工的机床文件，便可以使用此模块了。Mastercam 的车铣复合加工的功能区选项卡与车床的功能区选项卡是完全相同的。

3.1.4 线切割

Mastercam 2 轴和 4 轴线切割模块提供了多种加工方案供用户选择。

线切割模块的主要特点如下。

- 文件追踪功能让编辑、更新文档更轻松。
- 修订记录功能让用户在短时间内定位修订部分并重编设计，节省了宝贵的时间。
- 快速、简单和全面地控制脱料保护设置让用户按需求自由的增减挂台数量。
- Mastercam 的 No Drop Out 选项，防止毛刺形成。
- Mastercam 线切割产品支持 Agievision 控制器和 Agie EDM 加工机。
- 刀路验证功能提高加工精确度。

线切割加工的【线切割-线割刀路】功能区选项卡如图 3-4 所示。

图 3-4 【线切割-线割刀路】选项卡

3.1.5 木雕

在模具加工中或木制品工艺中不可避免地要进行文字和图片的雕刻加工，Mastercam 提供了专业的木雕工艺加工的模块，木雕加工的【木雕-刀路】选项卡如图 3-5 所示。这里的【木雕-刀路】选项卡与车床加工中的【车床-木雕刀路】选项卡是完全相同的，只是这里的加工机床是数控铣床或数控复合加工中心。

图 3-5 【木雕-刀路】选项卡

木雕加工的功能选项卡与铣削加工的功能选项卡是完全相同的，当然用户也可以在铣削加工的功能选项卡中调取加工命令完成模具雕刻加工或木工雕刻加工工作。

3.2 设置加工刀具

加工刀具的设置是所有加工都要面对的步骤，也是最先需要设置的参数。用户可以直接调用刀具库中的刀具，也可以修改刀具库中的刀具从而产生需要的刀具形式，还可以自定义新的刀具，并保存刀具到刀具库中。

刀具设置主要包括从刀具库中选择刀具、修改刀具、自定义新刀具、设置刀具相关参数等。

3.2.1 从刀具库中选择刀具

从刀具库中选择刀具是最基本和常用的方式，操作也比较简单，这里以进行铣削加工为例进行讲解。

在【铣床-刀路】选项卡的【工具】面板中单击【刀具管理】按钮，弹出【刀具管理】对话框，如图3-6所示。

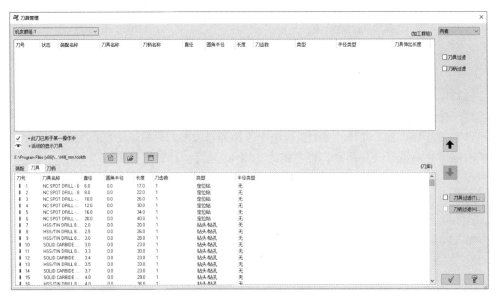

图3-6 【刀具管理】对话框

从对话框下方的刀库中选择用于铣削加工的平底刀或圆鼻铣刀刀具，单击【将选择的刀库刀具复制到机床群组中】按钮，将刀具添加到加工群组中，如图3-7所示。

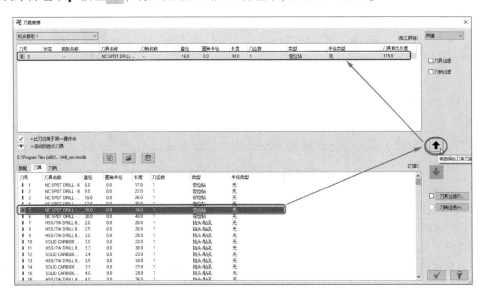

图3-7 在刀具库选刀

同理，在加工群组中可以选择刀具，单击鼠标右键后选择弹出的快捷菜单中的【删除刀具】命令，将刀具删除，如图3-8所示。

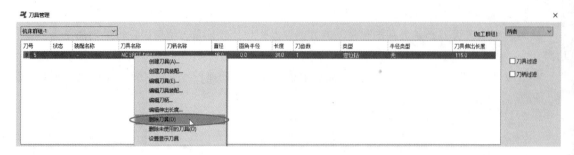

图3-8　删除刀具

3.2.2　修改刀具库中的刀具

从刀具库选择的加工刀具，其刀具参数如刀径、刀长、切刃长度等是刀库预设的，用户可以对其修改来得到所需要的加工刀具。在加工群组中选择要修改的刀具后单击鼠标右键，在弹出的右键快捷菜单中选择【编辑刀具】命令，将会弹出【编辑刀具】对话框，如图3-9所示，可以对刀具参数进行修改。

图3-9　【编辑刀具】对话框

3.2.3　自定义新刀具

除了从刀库中选择刀具和修改刀具显示得到加工所需要的刀具外，用户还可以自定义新的刀具来获得所需加工刀具。

在【刀具管理】对话框的加工群组中的空白位置处单击鼠标右键，从弹出的右键菜单中选择【创建刀具】命令，将会弹出【定义刀具】对话框。在该对话框的【选择刀具类型】页面中选择所需加工刀具的类型，如图3-10所示。

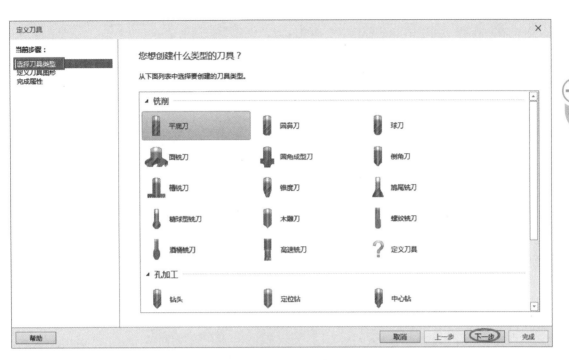

图 3-10　选择刀具类型

单击【下一步】按钮在【定义刀具图形】页面中设置刀具的尺寸参数，如图 3-11 所示。

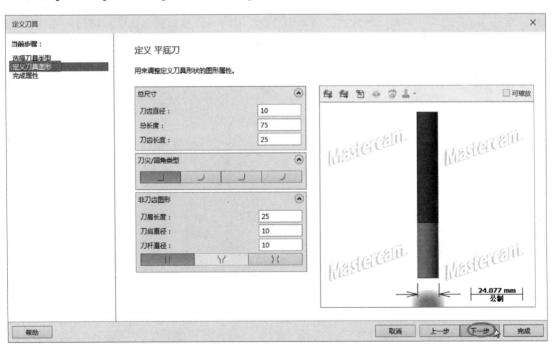

图 3-11　设置刀具尺寸

单击【下一步】按钮在【完成属性】页面中设置刀具的刀号、刀补参数、进刀量、进给速率、主轴转速、刀具材料及铣削加工步进量等参数，如图 3-12 所示。最后单击【完成】按钮完成新刀具的创建。

图 3-12　设置刀具的其他属性参数

3.2.4　在加工刀路中定义刀具

　　除了在刀库中定义刀具，还可以在创建某个加工刀路的过程中添加刀具。例如，创建一个外形加工刀路，在【铣床-刀路】选项卡的【2D】面板中单击【外形】按钮，弹出【串联选项】对话框。选择加工的外形串联后，将会弹出【2D刀路-外形铣削】对话框。在该对话框的选项设置列表中选择【刀具】选项，对话框右侧显示刀具设置选项，如图 3-13 所示。

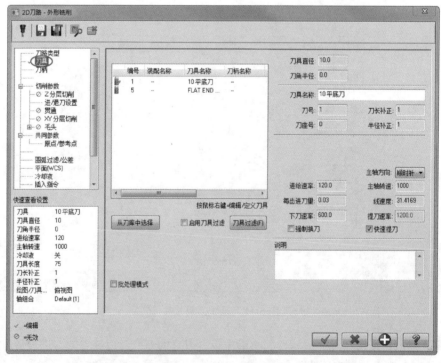

图 3-13　刀具设置选项

在这个对话框中不能删除刀具，用户可以定义新刀具、编辑刀具。单击【从刀库中选择】按钮，将会弹出【选择刀具】对话框，如图 3-14 所示。从该对话框的刀具库列表中选择所需刀具，单击【确定】按钮 即可完成刀具的选择。

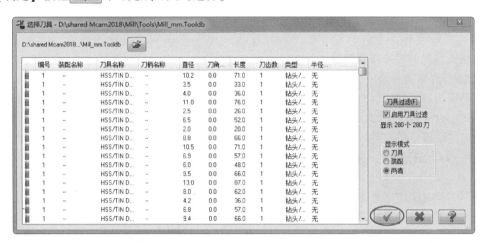

图 3-14 【选择刀具】对话框

3.3 设置加工工件（毛坯）

刀具设置和参数设置完毕后，就可以设置工件了，加工工件的设置包括工件的尺寸、原点、材料、显示等参数。如果要进行实体模拟，就必须要设置工件，当然，如果没有设置工件，系统会自动定义工件，这个自定义的工件也不一定符合要求。

在【刀路】管理面板中单击【毛坯设置】选项，在打开的【机床群组属性】对话框的【毛坯设置】选项卡中设置工件尺寸，如图 3-15 所示。

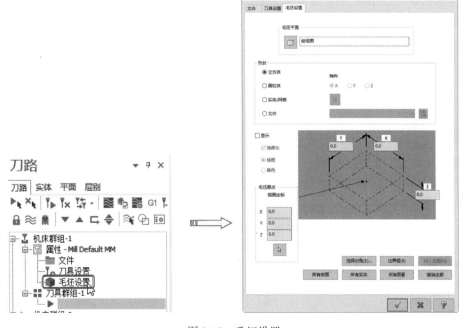

图 3-15 毛坯设置

3.4 2D 铣削通用加工参数

本节主要讲解加工过程中通用参数的设置，包括安全高度设置、补偿设置、转角设置、外形设置、深度设置、进/退刀设置和过滤设置等。

3.4.1 安全高度设置

安全高度设置的相关内容如下。

1. 理解高度与安全高度

起止高度指进退刀的初始高度。在程序开始时，刀具将先到这一高度，同时在程序结束后，刀具也将退回到这一高度。起止高度要大于或等于安全高度，安全高度也称为提刀高度，是为了避免刀具碰撞工件而设定的高度（Z 值）。安全高度是在铣削过程中，刀具需要转移位置时将退到这一高度再进行 G00 插补到下一进刀位置，此值一般情况下应大于零件的最大高度（即高于零件的最高表面）。

慢速下刀相对距离通常为相对值，刀具以 G00 快速下刀到指定位置，然后以接近速度下刀到加工位置。如果不设定该值，刀具以 G00 的速度直接下刀到加工位置。若该位置又在工件内或工件上，且采用垂直下刀方式，则极不安全。即使是在空的位置下刀，使用该值也可以使机床有缓冲过程，确保下刀所到位置的准确性，但是该值也不宜取得太大，因为下刀插入速度往往比较慢，太长的慢速下刀距离将影响加工效率。

在加工过程中，当刀具需要在两点间移动而不切削时，是否要提刀到安全平面呢？

当设定为抬刀时，刀具将先提高到安全平面，再在安全平面上移动；否则将直接在两点间移动而不提刀。直接移动可以节省抬刀时间，但是必须要注意安全，在移动路径中不能有凸出的部位，特别注意在编程中，当分区域选择加工曲面并分区加工时，中间没有选择的部分是否有高于刀具移动路线的部分。在粗加工时，对较大面积的加工通常建议使用抬刀，以便在加工时可以暂停，对刀具进行检查。而在精加工时，常使用不抬刀以加快加工速度，特别是像角落部分的加工，抬刀将造成加工时间大幅延长。在孔加工循环中，使用 G98 将抬刀到安全高度进行转移，而使用 G99 就将直接移动，不抬刀到安全高度，如图 3-16 所示。

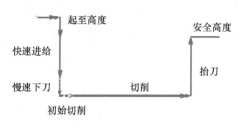

图 3-16 高度与安全高度

2. Mastercam 高度设置

高度参数设置是 Mastercam 二维和三维刀具路径都有的共同参数。高度选项卡中共有 5 个高度需要设置，分别是安全高度、参考高度、下刀位置、工件表面和深度（即切削深度）。高度还分为绝对坐标和增量坐标两种，绝对坐标是相对原点来测量的，原点是不变的。增量坐标是相对工件表面的高度来测量的。工件表面随着加工的深入不断变化，因而增量坐标是不断变化的。在【2D 刀路】对话框中单击【共同参数】选项，将会弹出共同参数选项设置界面，如图 3-17 所示。

其中部分参数含义如下。

- 【安全高度】：是刀具开始加工和加工结束后返回机床原点前所停留的高度位置。勾选此复选框，用户可以输入一高度值，刀具在此高度值上一般不会撞刀，比较安全。此高度值一般设置绝对值为 50～100。在安全高度下方有【只有在开始和结束的操作才使用安全高度】复选框，当勾选该复选框时，仅在该加工操作的开始和结束时移动到安全高度；当没有勾选此复选框时，每次刀具在回缩时均移动到安全高度。

- 【绝对坐标】：是相对原点来测量的。

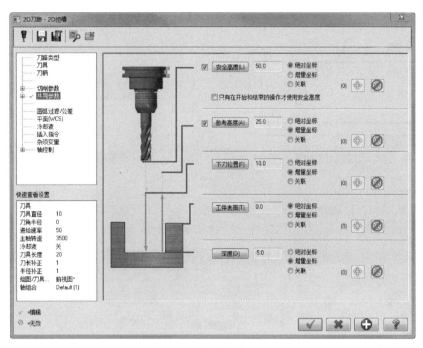

图 3-17　【共同参数】选项

- 【增量坐标】：是相对工件表面的高度来测量的。
- 【参考高度】：是刀具结束某一路径的加工，进行下一路径加工前在 Z 方向的回刀高度。也称退刀高度。此处一般设置绝对值为 10～25。
- 【下刀位置】：指刀具下刀速度由 G00 速度变为 G01 速度（进给速度）的平面高度。刀具首先从安全高度快速的移动到下刀位置，然后再以设定的速度靠近工件，下刀高度即是靠近工件前的缓冲高度，是为了刀具安全的切入工件，但是考虑到效率，此高度值不要设置得太高，一般设置增量坐标为 5～10。
- 【工件表面】：即加工件表面的 Z 值。一般设置为 0。
- 【深度】：即工件实际的要切削的深度。一般设置为负值。

3.4.2　补偿设置

补偿设置的相关内容如下。

1. 理解刀具补偿

刀具的补偿包括长度补偿和半径补偿。

（1）刀具半径补偿

刀具半径尺寸对铣削加工影响最大，在零件轮廓铣削加工时，刀具的中心轨迹与零件轮廓往往不一致。为了避免计算刀具中心轨迹，直接按零件图样上的轮廓尺寸编程，数控提供了刀具半径补偿功能，如图 3-18 所示。

（2）刀具长度补偿

在实际加工当中刀具的长度不统一、刀具磨损、更换刀具等原因引起刀具长度尺寸变化时，编程人员不必考虑刀具的实际长度及对程序的影响。可以通过使用刀具长度补偿指令来解决问题，在程序中使用补偿，并在数控机床上用 MDI 方式输入刀具的补偿量，就可以正确的加工。当刀具磨损也只要修正刀具的长度补偿量，而不必调整程序或刀具的加持长度，如图 3-19 所示。

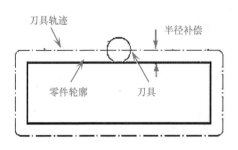

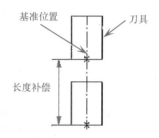

图 3-18　刀具半径补偿　　　　　　　　图 3-19　刀具长度补偿

2. Mastercam 补偿设置

在 2D 外形铣削的刀路创建对话框的【切削参数】选项设置中，可以设置【补正方式】和【补正方向】选项（此处在 Mastercam 中的"补正"含义同"补偿"），如图 3-20 所示。

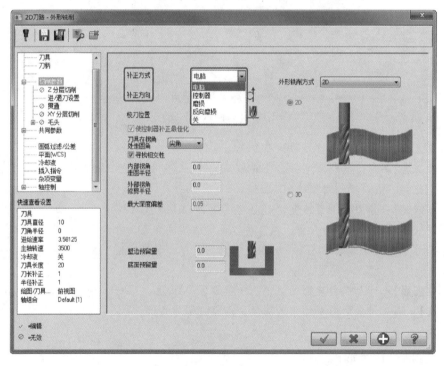

图 3-20　补正方式与补正方向设置

在实际的铣削过程中，刀具所走的加工路径并不是工件的外形轮廓，还包括一个补偿量，补偿量包括如下几个方面。

- 实际使用的刀具的半径。
- 程序中指定的刀具半径与实际刀具半径之间的差值。
- 刀具的磨损量。
- 工件间的配合间隙。

Mastercam 提供了 5 种补偿形式和 2 个补偿方向供用户选择。

（1）补正方式

刀具补正方式包括【电脑】补偿、【控制器】补偿、【磨损】补偿、【反向磨损】补偿和【关】5 种。

● 当设置为【电脑】补偿时，刀具中心向指定的方向（左或右）移动一个补偿量（一般为刀具的半径），NC 程序中的刀具移动轨迹坐标是加入了补偿量的坐标值。

● 当设置为【控制器】补偿时，刀具中心向（左或右）移动一个存储在寄存器里的补偿量（一般为刀具半径），将在 NC 程序中给出补偿控制代码（左补 G41 或右补 G42），NC 程序中的坐标值是外形轮廓值。

● 当设置为【磨损】补偿时，即刀具磨损补偿时，同时具有【电脑】补偿和【控制器】补偿，且补偿方向相同，并在 NC 程序中给出加入了补偿量的轨迹坐标值，同时又输出控制代码 G41 或 G42。

● 当设置为【反向磨损】补偿时，即刀具磨损反向补偿时，也同时具有【电脑】补偿和【控制器】补偿，但控制器补偿的补偿方向与设置的方向反向。即当采用【电脑】左补偿时，在 NC 程序中输出反向补偿控制代码 G42，当采用【电脑】右补偿时，在 NC 程序中输出反向补偿控制代码 G41。

● 当设置为【关】补偿时，将关闭补偿设置，在 NC 程序中给出外形轮廓的坐标值，且在 NC 程序中无控制补偿代码 G41 或 G42。

（2）补正方向

刀具补正方向有左补偿和右补偿两种。图 3-21 所示的铣削一圆柱形凹槽，如果不补偿，刀具沿着圆走，则刀具的中心轨迹即是圆，这样由于刀具有一个半径在槽外，因而实际凹槽铣削的效果比理论上要大一个刀具半径。要想实际铣削的效果与理论值同样大，则必须使刀具向内偏移一个半径。再根据选取的方向来判断是左补偿还是右补偿。图 3-22 所示的铣削一圆柱形凸缘，如果不补偿，刀具沿着圆走，则刀具的中心轨迹即是圆，这样由于有一个刀具半径在凸缘内，因而实际凸缘铣削的效果比理论上要小一个半径。要想实际铣削的效果与理论值一样大，则必须使刀具向外偏移一个半径。具体是左偏，还是右偏要看串联选取的方向。从以上分析可知，为弥补刀具带来的差距要进行刀具补偿。

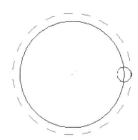

图 3-21　铣削凹槽

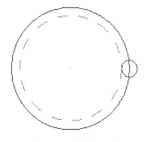

图 3-22　铣削凸缘

3.4.3　转角设置

在【切削参数】选项设置中有【刀具在拐角处走圆弧】选项，此选项用于两条及两条以上的相连线段转角处的刀具路径，即根据不同选择模式决定在转角处是否采用弧形刀具路径。

● 当设置为【无】时，即不走圆角，在转角地方不采用圆弧刀具路径。图 3-23 所示为不管转角的角度是多少，都不采用圆弧刀具路径。

● 当设置为【尖角】时，即在尖角处走圆角，在小于 135°转角处采用圆弧刀具路径。图 3-24 所示为在 100°的地方采用圆弧刀具路径，而在 136°的地方采用尖角即没有采用圆弧刀具路径。

● 当设置为【全部】时，即在所有转角处都走圆角，在所有转角处都采用圆弧刀具路径。图 3-25 所示为所有转角处都走圆弧。

图 3-23　转角不走圆角　　　　图 3-24　尖角处走圆角　　　　图 3-25　全部走圆角

3.4.4　Z 分层切削设置

Z 分层切削设置选项如图 3-26 所示。该选项面板用来设置定义深度分层铣削的粗切和精修的参数。

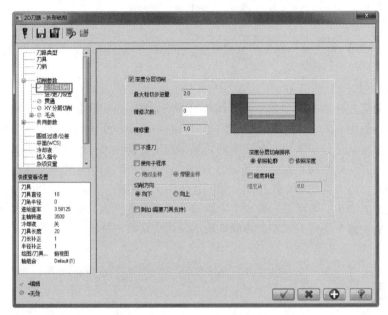

图 3-26　Z 分层切削设置选项

其中部分参数含义如下。

● 最大粗切步进量：用来输入粗切削时的最大进刀量。该值要视工件材料而定。一般来说，工件材料比较软时，比如铜的粗切步进量可以设置得大一些，工件材料较硬像铣等一些模具钢时该值要设置得小一些。另外还与刀具材料的好坏有关，比如硬质合金钢刀进量可以稍微大些，若白钢刀进量则要小些。

● 精修次数：用来输入需要在深度方向上精修的次数，此处应输入整数值。

● 精修量：用来输入在深度方向上的精修量。一般比粗切步进量小。

● 不提刀：用来选择刀具在每一个切削深度后，是否返回到下刀位置的高度上。当勾选该复选框时，刀具会从目前的深度直接移到下一个切削深度；若没有勾选该复选框，则刀具返回到原来的下刀位置的高度，然后移动到下一个切削的深度。

● 使用子程序：用来调用子程序命令。在输出的 NC 程序中会弹出辅助功能代码 M98（M99）。对于复杂的编程使用副程式可以大大减少程序段。

● 深度分层切削排序：用来设置多个铣削外形时的铣削排序。当勾选【依照轮廓】复选框后，先在一个外形边界铣削设定深度后，再进行下一个外形边界铣削。当勾选【依照深度】复选框后，先在深度上铣削所有的外形后，再进行下一个深度的铣削。

- 锥度斜壁：用来铣削带锥度的二维图形。当勾选该复选框，从工件表面按所输入的角度铣削到最后的角度。

> 技术要点　如果是铣削内腔则锥度向内。图3-27所示的锥度角为40°。如果是铣削外形则锥度向外，图3-28所示的锥度角也为40°。

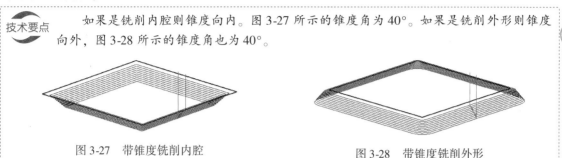

图3-27　带锥度铣削内腔　　　　图3-28　带锥度铣削外形

- 切削方向：刀具的切削方向包括向下与向上，如图3-29所示。

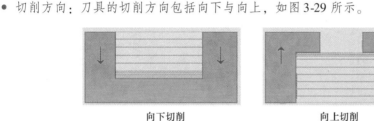

向下切削　　　　向上切削

图3-29　切削方向

- 倒扣（需要刀具支持）：此选项为设置底切，须设置刀具补偿。

3.4.5　进/退刀设置

在【切削参数】选项设置中单击进/退刀参数选项卡，将会弹出【进/退刀】参数设置界面，如图3-30所示。该选项面板用来设置刀具路径的起始及结束加入一直线或圆弧刀具路径，使其与工件及刀具平滑连接。

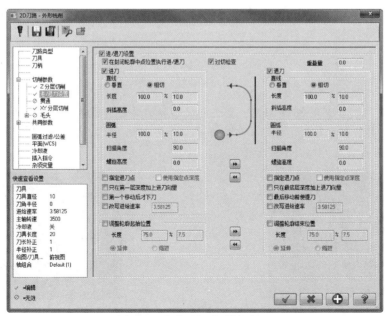

图3-30　【进/退刀】设置界面

起始刀具路径称为进刀，结束刀具路径称为退刀，如图 3-31 所示。

下面仅介绍部分参数含义。

● 在封闭轮廓中点位置执行进/退刀：勾选【在封闭轮廓中点位置执行进/退刀】复选框，控制进退刀的位置。这样可避免在角落处进刀，对刀具产生不良影响。图 3-32 所示为勾选【在封闭轮廓中点位置执行进/退刀】复选框时的刀具路径，图 3-33 所示为取消勾选【在封闭轮廓中点位置执行进/退刀】复选框时的刀具路径。

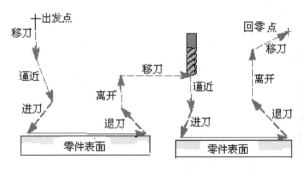

图 3-31　进、退刀示意图

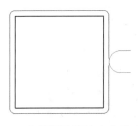

图 3-32　在封闭轮廓的中点进/退刀

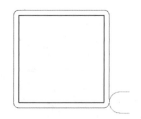

图 3-33　不在封闭轮廓的中点进/退刀

● 重叠量：在【重叠量】文本框输入重叠值。用来设置进刀点和退刀点之间的距离，若设置为 0，则进刀点和退刀点重合，图 3-34 所示重叠量设置为 0 时的进退刀向量。有时为了避免在进刀点和退刀点重合处产生切痕就在重叠量文本框输入重叠值。图 3-35 所示重叠量设置为 20 时的进退刀向量。其中进刀点并未发生改变，改变的只是退刀点，退刀点多退了 20 的距离。

图 3-34　重叠量为 0

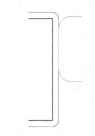

图 3-35　重叠量为 20

● 直线进/退刀：在直线进/退刀中，直线刀具路径的移动有两个模式，即垂直和相切。垂直进/退刀模式的刀具路径与其相近的刀具路径垂直，如图 3-36 所示。相切进/退刀模式的刀具路径与其相近的刀具路径相切，如图 3-37 所示。

图 3-36　垂直模式

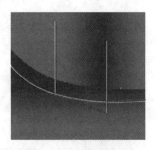

图 3-37　相切模式

● 【长度】文本框用来输入直线刀具路径的长度，前面的长度文本框用来输入路径的长度与刀具直径的百分比，后面的长度文本框为刀具路径的长度。两个文本框是连动的，输入其中一个另一个会相应产生变化。【斜插高度】文本框用来输入直线刀具路径的进刀以及退刀刀具路径的起点相对末端的高度。图 3-38 所示进刀设置为 3，退刀设置为 10 时的刀具路径。

● 圆弧进/退刀：圆弧进/退刀是在进退刀时采用圆弧的模式，方便刀具顺利地进入工件。

● 半径：当选择半径时，输入进退刀刀具路径的圆弧半径。前面的半径文本框用来输入圆弧路径的半径与刀具直径的百分比，后面的半径文本框为刀具路径的半径值，这两个值也是连动的。

● 扫描角度：当选择扫描角度时，输入进退刀圆弧刀具路径的扫描的角度。

● 螺旋高度：在【螺旋高度】文本框中输入进退刀刀具路径螺旋的高度。图 3-39 所示为螺旋高度设置为 3 时的刀具路径。设置为高度值，使进退刀时刀具受力均匀，避免刀具由空运行状态突然进入高负荷状态。

图 3-38　斜向高度

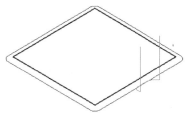

图 3-39　螺旋高度为 3

3.4.6　圆弧过滤/公差设置

【圆弧过滤/公差】的选项界面如图 3-40 所示。在该选项界面中可以设置 NCI 文件的过滤参数。通过对 NCI 文件进行过滤，删除长度在设定公差内的刀具路径来优化或简化 NCI 文件。

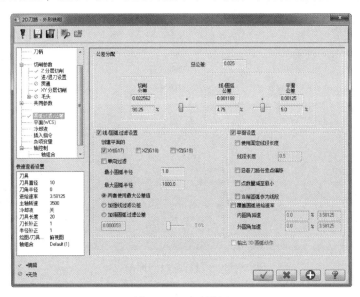

图 3-40　过滤设置

3.5　3D 铣削通用加工参数

Mastercam 能对曲面、实体以及 STL 文件产生刀具路径，一般加工采用曲面来编程。曲面加工可分为曲面粗加工和曲面精加工。不管是粗加工还是精加工，它们都有一些共同的参数需要设置。

下面将以曲面粗切平行加工刀路为例，对曲面加工的共同参数进行讲解。

3.5.1 刀具路径参数

刀具路径参数主要用来设置与刀具相关的参数。与二维刀具路径不同的是，三维刀具路径参数所需的刀具通常与曲面的曲率半径有关系。精修时刀具半径不能超过曲面曲率半径。一般粗加工采用大刀、平刀或圆鼻铣刀，精修采用小刀、球刀。

在【铣床-刀路】选项卡的【3D】面板中单击【平行】按钮，选择要加工的曲面后将会弹出如图 3-41 所示的【曲面粗切平行】对话框。

刀具设置和速率的设置在前面已经讲过，这里主要讲解【刀具面/绘图面】参数、机床原点的设置等内容。

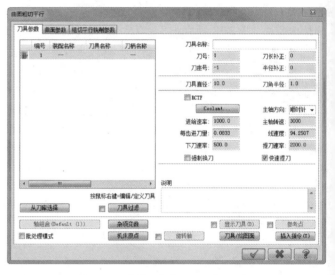

图 3-41 【曲面粗切平行】对话框

1. 刀具面/绘图面

在【刀具参数】选项卡中单击【刀具/绘图面】按钮，将会弹出【刀具面/绘图面设置】选项面板，如图 3-42 所示。在该选项面板中可以设置工作坐标、刀具平面和绘图平面。当刀具平面和绘图平面不一致时，可以单击【复制到右边】按钮 将左边内容复制到右边，或单击【复制到左边】按钮 将右边内容复制到左边。

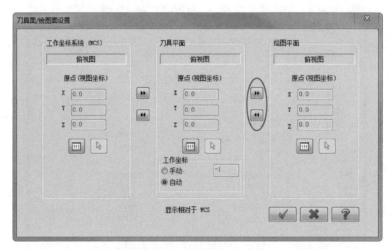

图 3-42 刀具面/绘图面的设定

此外还可以单击【选择平面】按钮，将会弹出【选择平面】对话框，如图 3-43 所示。在该对话框中可以设置改变视角，使视角与工作坐标系中的一致。

2. 机床原点

在【刀具参数】选项卡中单击【机床原点】按钮，将会弹出【换刀点-用户定义】对话框，如图 3-44 所示。该对话框用来定义机床原点的位置，可以在 X、Y、Z 坐标文本框输入坐标值作为机床原点值，也可以单击【选择】按钮来选择某点作为机床原点值，或者单击【从机床】按钮，使用参考机床的值作为机床原点值。

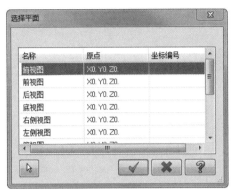

图 3-43　选择平面

图 3-44　设置机床原点

3.5.2　曲面加工参数

不管是粗加工还是精加工，用户都需要设置【曲面参数】选项卡的参数，如图 3-45 所示。主要设置包括安全高度、参考高度、进给下刀位置和工件表面。一般没有深度选项，因为曲面的底部就是加工的深度位置，该位置是由曲面的外形来决定，因此不需要用户设置。

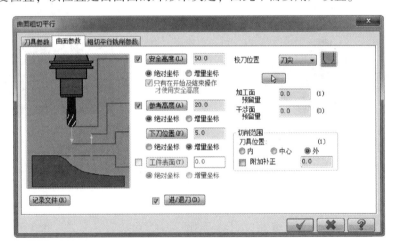

图 3-45　【曲面参数】选项卡

其中部分常用参数含义如下。

● 安全高度：是指每个操作的起刀高度，刀具在此高度上移动一般不会装刀，即不会撞到工件或夹具，因而称为安全高度。在安全高度上开始下刀一般是采用 G00 的速度。此高度一般设为绝对值。

● 绝对坐标：以坐标系原点作为基准。

● 增量坐标：以工件表面的高度作为基准。

● 参考高度：在两切削路径之间抬刀高度，也称退刀高度。参考高度一般也设为绝对值，此值要比进给下刀位置高。一般设为绝对值 10～25。

● 下刀位置：是指刀具速率由 G00 速率转变为 G01 速率的高度，也就是一个缓冲高度，可避免撞到工件表面。但此高度也不能太高，一般设为相对高度 5～10。

● 工件表面：设置工件的上表面 Z 轴坐标，默认为不使用，以曲面最高点作为工件表面。

3.5.3 进退刀向量

在【曲面参数】选项卡中勾选【进/退刀】复选框，并单击【进/退刀】按钮，将会弹出【方向】对话框，如图3-46所示。

该对话框用来设置曲面加工时刀具的切入与退出的方式。其中【进刀向量】选项组用来设置进刀时向量。【退刀向量】选项组用来设置退刀时向量。两者的参数设置完全相同。

其中各选项含义如下。

● 【进刀角度】/【提刀角度】：设置进/退刀的角度。图3-47所示为进刀角度设为45°，退刀角度设为90°时的刀具路径。

图3-46　进/退刀设置

● 进刀【XY角度】/退刀【XY角度】：设置水平进/退刀与参考方向的角度。图3-48所示为进刀XY角度为30°，退刀XY角度为0°时的刀具路径。

● 【进刀引线长度】/【退刀引线长度】：设置进/退刀引线的长度。图3-49所示为进刀引线长度为20，退刀引线长度为10时的刀具路径。

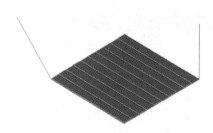

图3-47　进刀角度45°退刀角度90°

图3-48　XY角度

● 进刀【相对于刀具】/退刀【相对于刀具】：设置进/退刀引线的参考方向。有两个选项，分别是【切削方向】和【刀具平面X轴】。当选择【切削方向】时，表示进刀线所设置的参数是相对于切削方向。当选择【刀具平面X轴】时，表示进刀线所设置的参数是相对于所处刀具平面的X轴方向。图3-50所示为采用相对于切削方向进刀角度为45°时的刀具路径。图3-51所示为相对于X轴进刀角度为45°时的刀具路径。

图3-49　进退刀引线

图3-50　相对切削方向

图3-51　相对X轴

● 【向量】：单击【向量】按钮，在弹出的【向量】对话框中可以输入X、Y、Z三个方向的向量来确定进退刀线的长度和角度，如图3-52所示。

● 【参考线】：此按钮用来选择存在的线段来确定进退刀线的位置、长度和角度。

图3-52　【向量】对话框

3.5.4　校刀位置

在【曲面参数】选项卡的【校刀位置】下拉列表中的选项如图 3-53 所示，其中包括【中心】和【刀尖】。当选择【刀尖】选项时，产生的刀具路径为刀尖所走的轨迹。当选择【中心】选项时，产生的刀具路径为刀具中心所走的轨迹。由于平刀不存在球心，所以这两个选项在使用平刀一样。但在使用球刀时不一样。图 3-54 所示为选择刀尖为校刀位置的刀具路径。图 3-55 所示为选择中心为校刀位置的刀具路径。

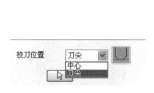

图 3-53　【校刀位置】下拉列表

图 3-54　刀尖校刀位置

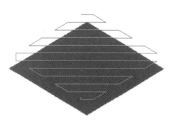

图 3-55　中心校刀位置

3.5.5　加工面、干涉面和加工范围

在【曲面参数】选项卡中单击【选取】按钮 ，将会弹出【刀路曲面选择】对话框，如图 3-56 所示。

其中部分参数含义如下。

- 【加工面】：指需要加工的曲面。
- 【干涉面】：指不需要加工的曲面。
- 【切削范围】：在加工曲面的基础上再限定某个范围来加工。
- 【指定下刀点】：选择某点作为下刀或进刀位置。

3.5.6　预留量

图 3-56　【刀路曲面选取】对话框

预留量是指在曲面加工过程中，预留少量的材料不予加工，或者留给后续的加工工序来加工。包括加工曲面的预留量和加工刀具避开干涉面的距离。在进行粗加工时一般需要设置加工面的预留量，通常常设置为 0.2～0.5，目的是为了便于后续的精加工。图 3-57 所示为曲面预留为 0，图 3-58 所示为曲面预留量为 0.5，很明显抬高了一定高度。

图 3-57　曲面预留量为 0

图 3-58　曲面预留量为 0.5

3.5.7　切削范围

在【曲面参数】选项面板的【切削范围】选项组中的【刀具位置】包括 3 种：内、中心和外，如图 3-59 所示。

其中参数含义如下。

- 【内】：选择该项时刀具在加工区域内侧切削，即切削范围就是选择的加工区域。
- 【中心】：选择该项时刀具中心走加工区域的边界，切削范围比选择的加工区域多一个刀具半径。
- 【外】：选择该项时刀具在加工区域外侧切削，切削范围比选择的加工区域多一个刀具直径。

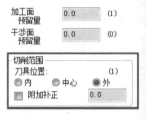

图 3-59　刀具控制

图 3-60 所示为选中【内】单选按钮的刀具位置，图 3-61 所示为选中【中心】单选按钮的刀具位置，图 3-62 所示为选中【外】单选按钮的刀具位置。

图 3-60　【内】刀具位置　　　图 3-61　【中心】刀具位置　　　图 3-62　【外】刀具位置

技术要点　　用户选择【内】或【外】刀具补偿范围方式时，还可以在【附加补正】文本框中输入额外的补偿量。

3.5.8　切削深度

切削深度是用来控制加工铣削深度的。在【曲面粗切平行】对话框的【粗切平行铣削参数】选项卡中单击【切削深度】按钮 切削深度 ，将会弹出【切削深度设置】对话框，如图 3-63 所示。

切削深度的设置分为增量坐标和绝对坐标两种方式。

1. 绝对坐标

绝对坐标是以输入绝对坐标的方式来控制加工深度的最高点和最低点。绝对坐标方式常用于加工深度较深的工件，因为太深的工件需要很长的刀具加工，如果一次加工完毕，刀具磨损会比较严重，这样在成本上不经济，且加工质量也不好。一般用短的旧刀具加工工件的上半部分，再用长的新刀具加工下半部分。图 3-64 所示为先用旧短刀从 0 加工到 −100，图 3-65 所示为再用新长刀从 −100 加工到 −200。这样不仅节约刀具，还可以提高效率。

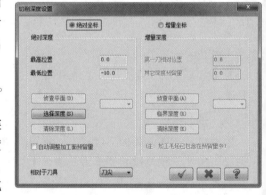

图 3-63　【切削深度设置】对话框

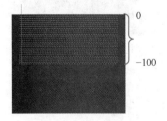 

图 3-64　加工上半部分　　　　　　图 3-65　加工下半部分

2. 增量坐标

在【切削深度设置】对话框中选中【增量坐标】单选按钮，激活增量坐标模式，如图3-66所示。该选项用来设置增量模式的加工参数。

其中部分选项含义如下。

• 增量深度：是以相对工件表面的计算方式来指定深度加工范围的最高位置和最低位置。

• 第一刀相对位置：设定第一刀的切削深度位置到曲面最高点的距离。该值决定了曲面粗加工分层铣深第一刀的切削深度。

• 其他深度预留量：设置最后一层切削深度到曲面最低点的距离。一般设置为0。

增量深度一般主要用来控制第一刀深度，其他深度不控制，增量深度示意图如图3-67所示。

• 侦查平面：如果加工曲面中存在平面，在粗加工分层铣深时，会因每层切削深度的关系，常在平面上留下太多的残料。单击【侦查平面】按钮，会在右边将侦查到的平面Z坐标数字显示栏显示。并在侦查加工曲面中的平面后，自动调整每层切削深度，使平面残留量减少。图3-68所示为没有侦查平面时的刀具路径示意图，会留下部分残料。图3-69所示为通过侦查平面后的刀具路径示意图。重新调整分层铣深深度，进行平均分配，残料减少。

图3-66　增量深度的设定

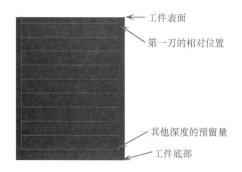

图3-67　增量深度示意图

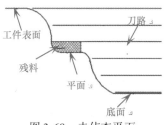

图3-68　未侦查平面

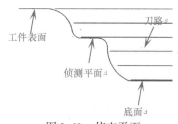

图3-69　侦查平面

• 临界深度：用户在指定的Z轴坐标产生分层铣削路径。单击【临界深度】按钮，返回到绘图区，选择或输入要产生分层铣深的Z轴坐标。选择或输入的Z轴坐标会显示在临界深度坐标栏。

• 清除深度：在深度坐标栏显示的数值全部清除。

3.5.9　间隙设定

间隙分3种类型，有两条切削路径之间的间隙、曲面中间的破孔或者加工曲面之间的间隙。图3-70所示为刀具路径间的间隙，图3-71所示为曲面破孔间隙，图3-72所示为曲面间的间隙。

图3-70　路径间隙

图3-71　破孔间隙

图3-72　曲面间的间隙

中文版 **Mastercam 2022数控加工从入门到精通**

在【粗切平行铣削参数】选项卡中单击【间隙设置】按钮，在弹出的【刀路间隙设置】对话框中可以设置刀具遇到间隙时的处理方式，如图 3-73 所示。

该选项面板各参数含义如下。

1）允许间隙大小：设定刀具遇到间隙时是否提刀的判断依据，有如下两个选项。

● 距离：在文本框输入允许间隙距离。如果刀具路径中的间隙距离小于所设的允许间隙距离，此时不提刀。如果大于则会提刀到参考高度后再下刀。

图 3-74 所示为两路径之间距离间隙为 6，小于允许的间隙 10，则不提刀。图 3-75 所示为两路径之间距离间隙为 6，大于允许的间隙 3，则提刀。

图 3-73 【刀路间隙设置】对话框

图 3-74 间隙小于允许间隙

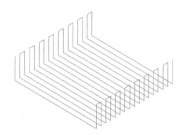

图 3-75 间隙大于允许间隙

● 步进量%：步进量是指最大切削间距，即每两条切削路径之间的距离。以输入最大切削间距的百分比来设定。比如输入300%，则间隙小于两路径之间距离的 3 倍就不提刀，大于则提刀到参考高度。图 3-76 所示为圆的直径 10 小于两路径之间距离 6 的 3 倍（300%）不提刀。图 3-77 所示为圆的直径 19 大于两路径之间的距离 6 的 3 倍（300%），所以提刀。

图 3-76 间隙小于允许间隙

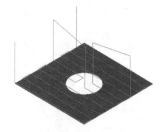

图 3-77 间隙大于允许间隙

2）位移小于允许间隙时，不提刀：当间隙小于允许间隙时刀具路径不提刀，且可以设置刀具过间隙的方式，有不提刀、打断、平滑和沿着曲面 4 种方式。

● 【不提刀】：刀具在两切削路径间以直接横越的方式移动，图 3-78 所示采用横越方式移动。

● 【打断】：刀具先向上移动，再水平移动后下刀，图 3-79 所示采用打断方式移动。

图 3-78 直接

图 3-79 打断

技术要点　对于采用【不提刀】的方式要注意，曲面是凹形的，刀具若采用此方式是可以过渡的，但是，如果曲面是凸形的，刀具采用此种方式过渡，就会使曲面过切。

● 【平滑】：刀具以流线圆弧的方式越过间隙，通常在高速加工中用，图3-80所示为采用平滑方式移动。

● 【沿着曲面】：沿着曲面的方式移动，图3-81所示为采用沿着曲面方式移动。

3）间隙移用使用下刀及提刀速率：勾选该复选框，在间隙处位移动作的进给速率以刀具参数的下刀和提刀速率来取代。

图3-80　平滑　　　　　　　　　　　　　图3-81　沿着曲面

4）检查间隙移动过切情形：即使间隙小于允许间隙，刀具仍有可能发生过切情况。此参数会自动调整刀具移动方式避免过切。

5）位移大于允许间隙时，提刀至安全高度：间隙大于允许间隙时，自动抬刀到参考高度，再位移后下刀。图3-82所示为当斜向间距大于允许间隙时，自动控制刀具提刀。

6）检查提刀时的过切情形：若在提刀过程中发生过切情形，该参数会自动调整提刀路径。

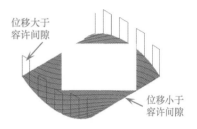

图3-82　位移大于间隙抬刀

7）切削排序最佳化：勾选该复选框会使刀具在区域内寻找连续的加工路径，直到完成此区域所有的刀具路径才移动到其他区域加工。这样可以减少提刀机会。图3-83所示为勾选【切削排序最佳化】复选框时的刀具路径。图3-84为取消勾选【切削排序最佳化】复选框时的刀具路径。很明显提刀次数增多，效率降低。

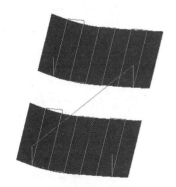
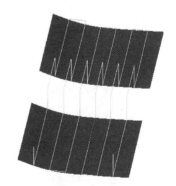

图3-83　勾选【切削排序最佳化】复选框　　　图3-84　未勾选复选框【切削排序最佳化】

8）在加工过的区域下刀（用于单向平行铣）：勾选该复选框允许刀具由先前切削过的区域下刀，但只适用于平行铣削的单向铣削功能。

9）刀具沿着切削范围边界移动：勾选该复选框后如果选取了切削范围边界，此参数会使间隙上的路径沿着切削范围边界移动。图3-85所示为勾选【刀具沿着切削范围边界移动】复选框时的刀具路径。图3-86所示为取消勾选【刀具沿着切削范围边界移动】复选框时的刀具路径。对于非直线组成的边界,此参数能让边界铣削的效果更加平滑。

图3-85 勾选【沿边界】复选框 图3-86 未勾选【沿边界】复选框

10)切弧半径/切弧扫描角度/切线长度:这3个参数是用来设置在曲面精加工刀具路径起点、终点位置增加切弧进刀刀具路径或退刀刀具路径,使刀具平滑地进入工件。

图3-87所示切线长度为10的刀具路径。图3-88所示切弧半径设置为$R = 10$,切弧扫描角度为90°的刀具路径。图3-89所示切线长度为10,切弧半径设置为$R = 10$,切弧扫描角度为90°的刀具路径。

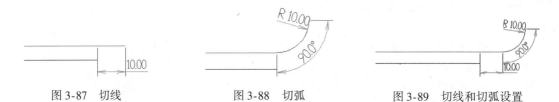

图3-87 切线   图3-88 切弧   图3-89 切线和切弧设置

3.5.10 进阶设定

在【粗切平行铣削参数】选项卡中单击【高级设置】按钮,将会弹出【高级设置】对话框。在该对话框中可以设置刀具在曲面和实体边缘的动作与精准度参数,也可以检查隐藏的曲面和实体面是否有折角,如图3-90所示。

【高级设置】对话框中各选项的含义如下。

1)刀具在曲面(实体面)边缘走圆角:用来设置刀具在曲面边缘走圆角,提供以下3种方式。

● 自动(以图形为基础):会依据选取的切削范围和图形来决定是否走圆角。如果选取了切削范围,刀具会在所有的加工面的边缘产生走圆角刀具路径,如图3-91所示。如果没有选取切削范围,只在两曲面间走圆角。图3-92所示自动的方式是默认的方式。

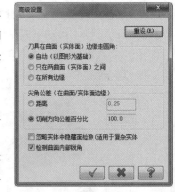

图3-90 【高级设置】对话框

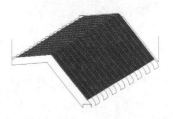

图3-91 选取了切削范围   图3-92 没有选取切削范围

● 只在两曲面（实体面）之间：只在两曲面相接时形成外凸尖角处走圆角刀具路径。图3-93所示为两曲面形成相接的外凸尖角走圆角的刀具路径。图3-94所示为两曲面形成相接的内凹尖角不走圆角的刀具路径。

● 在所有边缘：在所有的曲面和实体面的边缘都走圆角，如图3-95所示。

图3-93 外凸

图3-94 内凹

图3-95 所有边缘都走圆角

2）尖角公差（在曲面/实体面边缘）：用于设定圆角路径部分的误差值。距离越小，走圆角的路径越精确；距离越大，走角路径偏差就越大。同样误差值越小，走圆角的路径越精确；误差值越大，走圆角路径偏差就越大，还有可能伤及曲面边界。

3）忽略实体中隐藏面检测（适用于复杂实体）：此项适合在大量实体面组成的复杂的实体上产生刀具路径时，加快刀具路径的计算速度。在简单实体上因为花的计算时间不是很多就不需要了。

4）检测曲面内部锐角：曲面有折角将会导致刀具过切。此参数能检查曲面是否有锐角。如果发现曲面有锐角，将会弹出警告并建议重建有锐角的曲面。

第4章 2D平面铣削案例解析

本章导读 《

在 Mastrecam 2022 加工模块中，2D 平面加工是 Mastrecam 相对于业内其他 CAM 软件最大的优势，其中的 2D 加工操作方式简单，刀路计算快捷，加工刀具路径包括外形铣削、挖槽加工、钻孔加工、平面铣削、雕刻加工等。

4.1 2D 普通铣削加工类型（粗加工/半精加工）

2D 铣削加工也称作"平面铣削加工"，其刀路在 2D 平面上生成。2D 铣削的特点在于如下几点。

- 因为是基于边界曲线来计算的，所以生成速度很快。
- 可以方便地定义边界以及边界与道具之间的位置关系。
- 零件的壁通常是垂直的。
- 属于平面二维刀轨。

图 4-1 所示为 2D 铣削的加工零件及刀路。从 2D 铣削的特点可以看出，2D 铣削不是由三维实体来定义加工几何，而是使用通过边或者曲线创建的边界线来确定加工的区域。这是 2D 铣削区别于其他铣削类型的一个显著、鲜明特点。所以 2D 铣削能够加工其他加工操作类型难以加工的线形加工。

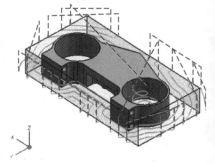

Mastrecam 中的 2D 铣削加工包括普通切削加工类型和高速铣削加工类型。其中，2D 普通切削加工类型中包括常见的面铣削（即平面铣削）、2D 挖槽、外形铣削、键槽铣削、模型倒角和木雕共 6 种，下面仅介绍常见的类型。

图 4-1 平面铣的零件及刀路

4.1.1 面铣加工

面铣加工主要是对零件表面进行粗加工（也称为"一次开粗"）、半精加工（也称为"二次开粗"）或精加工，加工需要得到的结果即是平整的表面。平面加工采用的刀具是面铣刀，一般尽量采用大的面铣刀，以保证快速得到平整表面，而较少考虑加工表面的粗糙度。

在【机床】选项卡的【机床类型】面板中单击【铣削】|【默认】命令，将会弹出【铣削-刀路】选项卡。在【铣削-刀路】选项卡的【2D】面板中单击【面铣】按钮 ，选取面铣串连后打开【2D 刀路-平面铣削】对话框，如图 4-2 所示。

在【2D 刀路-平面铣削】对话框中单击【切削参数】选项，显示【切削参数】选项设置面板，如图 4-3 所示。

在【切削参数】选项设置面板中单击【类型】下拉列表，将会显示面铣加工类型，如图 4-4 所示共有 4 种。分别讲解如下。

- 双向：采用双向来回切削方式。
- 单向：采用单向切削方式。
- 一刀式：将工件只切削一刀即可完成切削。
- 动态：跟随工件外形进行切削。

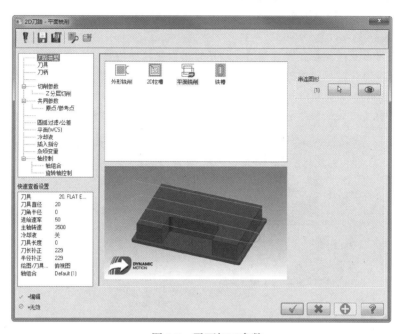

图 4-2 平面加工参数

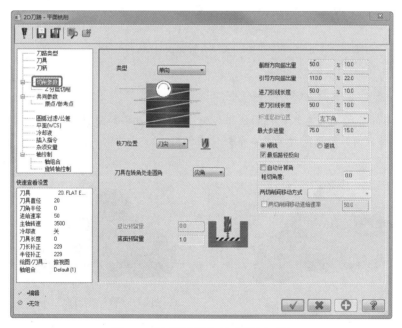

图 4-3 【切削参数】选项设置面板

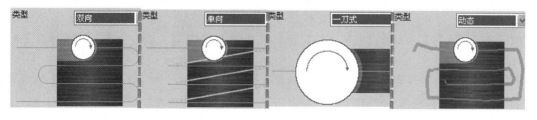

图 4-4 四种面铣类型

在【切削参数】选项设置面板中有刀具超出量的控制选项，刀具超出量控制包括4个方面，如图4-5所示。其参数含义如下。

- 截断方向超出量：截断方向切削刀具路径超出面铣轮廓的量。
- 切削方向超出量：切削方向切削刀具路径超出面铣轮廓的量。
- 进刀引线长度：面铣削导引入切削刀具路径超出面铣轮廓的量。
- 退刀引线长度：面铣削导引出切削刀具路径超出面铣轮廓的量。

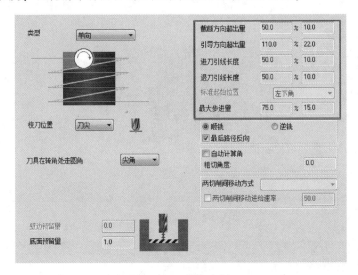

图4-5 刀具超出量

● **实战案例——面铣粗加工**

对如图4-6所示的零件毛坯进行面铣粗加工，粗加工刀路如图4-7所示，具体操作步骤如下。读者可扫描右侧二维码实时观看本案例教学视频。

图4-6 加工零件

图4-7 粗加工刀路

01 在快速访问工具栏中单击【打开】按钮 ，打开"源文件\Ch04\4-1. mcam"模型文件。打开的模型中包括零件和毛坯模型。

02 在【机床】选项卡的【机床类型】面板中单击【铣床】|【默认】命令，将会弹出【铣床刀路】选项卡。

03 在【刀路】管理器面板中选择【毛坯设置】选项，在弹出的【机床群组属性】对话框的【毛坯设置】选项卡中选中【实体/网格】单选按钮。接着再单击【选择】按钮 ，在绘图区中选取毛坯模型。选取后返回【机床群组属性】对话框单击【确定】按钮，完成毛坏的定义，如图4-8所示。

04 在【铣削-刀路】选项卡的【2D】面板中单击【面铣】按钮，在弹出的【实体串连】对话框中单击【环】按钮，再选取要加工的零件外边缘作为加工串连，选取后单击【确定】按钮，如图4-9所示。

图4-8　定义毛坯

> **技术要点**　　加工串连是指铣削加工的边界线，这个边界线必须是连续且封闭的，所以叫"串连"。

05 在弹出的【2D刀路-平面铣削】对话框的左侧选项列表中单击【刀具】选项，此时右侧将会显示刀具设置选项，在刀具列表空白位置单击鼠标右键，选择右键快捷菜单中的【创建新刀具】命令，如图4-10所示。

06 在弹出的【定义刀具】对话框中选取刀具类型为【面铣刀】，单击【下一步】按钮，如图4-11所示。

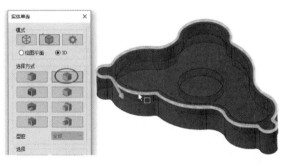

图4-9　选取要加工的实体面

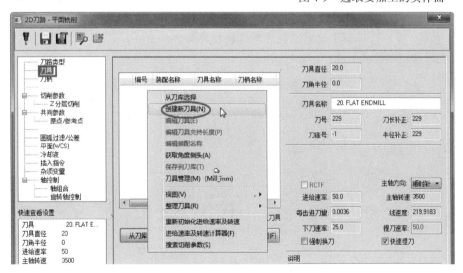

图4-10　创建新刀具

07 在【定义刀具图形】页面中设置刀具参数，如图4-12所示。单击【下一步】按钮。

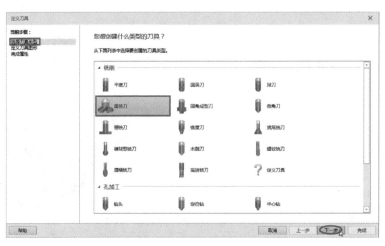

图 4-11　选择刀具类型

图 4-12　定义刀具参数

08 在【完成属性】页面中设置刀具的其他属性参数，如图 4-13 所示。最后单击【完成】按钮完成刀具的定义。

图 4-13　设置刀具其他属性参数

09 在【2D-平面铣削】对话框的【切削参数】选项设置面板中设置切削参数，如图4-14所示。

10 在【切削参数】选项设置的【轴向分层切削】设置面板中，设置轴向切削参数，如图4-15所示。

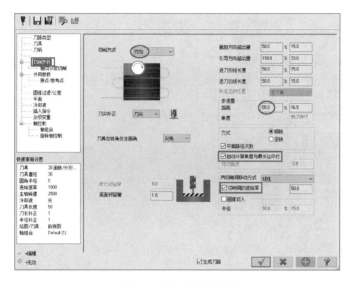

图4-14　设置切削参数

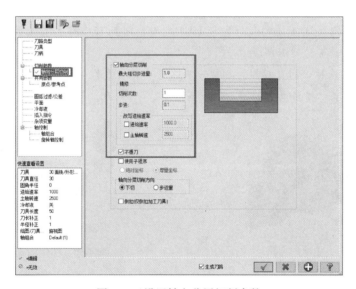

图4-15　设置轴向分层切削参数

11 在【2D-平面铣削】对话框中设置【共同参数】选项，如图4-16所示。

技术要点　　如果需要同时加工多个平面，除了约束好加工范围之外，最重要的是处理好多个平面加工深度不一样的问题。本例中加工的2个平面，加工的起始平面和终止平面都不同，只不过加工深度是一致的，都在各自的起始位置往下加工0.2深度，因此，此处将加工的串连绘制在要加工的起始位置平面上，将加工的工件表面和深度值设置成增量坐标即可解决这个问题，工件表面都是相对二维曲线距离为0，深度都是相对工件表面往下0.2，这样就解决了多平面不在同一平面的加工问题。

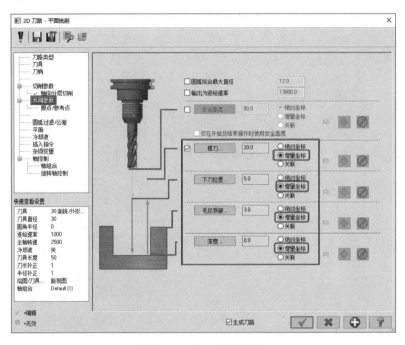

图 4-16　设置共同参数

12 其余平面铣削参数保留默认，单击【2D-平面铣削】对话框中的【确定】按钮 ✔️ ，生成平面铣削刀路，如图4-17所示。

13 在【机床】选项卡的【模拟】面板中单击【实体仿真】按钮，进入到实体仿真界面中进行实体仿真，模拟结果如图4-18所示。

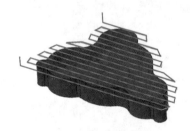

图 4-17　生成的刀路

图 4-18　实体仿真模拟结果

4.1.2　2D 挖槽加工

2D 挖槽加工主要用于零件中平面凹腔部分的粗加工、半精加工或精加工，2D 挖槽加工可用来切除封闭边界中的材料（槽形）。2D 挖槽加工仅能铣削零件中共面的槽，如果有多个凹槽且凹槽底面均不在同一平面上，不能一次性完成 2D 挖槽加工，可分为多次进行（除 3D 挖槽可一次性加工外）。

2D 挖槽加工的挖槽方式有标准、平面铣、使用岛屿深度、残料和开放式挖槽 5 种，如图 4-19 所示。

● 标准：系统智能分型所选的加工边界串连，将最大的闭合串连视为要加工的区域，刀具受加工区域约束，最大闭合串连中的所有小封闭串连都被视为不可加工区域。

● 平面铣：此挖槽加工方式将忽略岛屿深度进行铣削加工。

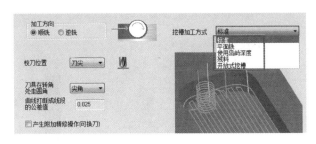

图 4-19 挖槽类型

- 使用岛屿深度：此挖槽加工方式可根据零件中的不同岛屿深度来自动调整切削。
- 残料：用于半精加工或精加工，系统会自动计算上次加工后的残料，并进行残料清理加工，其余已加工区域将不会重复加工。
- 开放式挖槽：可通过开放的槽口刀具自由进出。

● **实战案例——零件凹槽挖槽粗加工**

对如图 4-20 所示的零件凹槽进行挖槽粗加工，粗加工刀路如图 4-21 所示，具体操作步骤如下。

读者可扫描右侧二维码实时观看本案例教学视频。

图 4-20 加工零件

图 4-21 粗加工刀路

01 打开本例源文件"4-2. mcam"。

02 在【机床】选项卡的【机床类型】面板中单击【铣床】|【默认】命令，弹出【铣床-刀路】选项卡。

03 在【2D】面板中单击【挖槽】按钮，将会弹出【实体串连】对话框。选取零件凹槽的底平面边线作为加工边界，如图 4-22 所示。选取后单击【确定】按钮。

04 在弹出的【2D 刀路-2D 挖槽】对话框的【刀具】选项设置面板中新建直径为 10（可表达为 D10）的平铣刀（不设圆角半径），如图 4-23 所示。

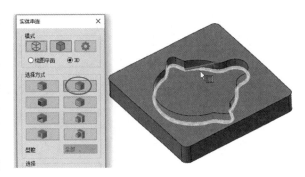

图 4-22 选取加工边界

05 在【粗切】选项设置面板中设置粗加工切削走刀方式以及刀间距等参数，如图 4-24 所示。

06 在【进刀方式】选项设置面板中设置粗切削进刀参数，如图 4-25 所示。

07 在【精修】选项设置面板中设置精加工参数，如图 4-26 所示。

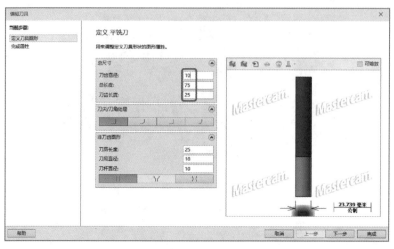

图 4-23　设置刀具参数

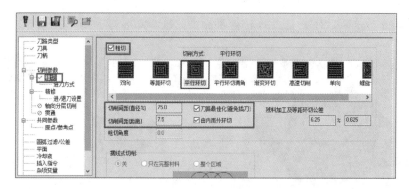

图 4-24　设置粗加工切削参数

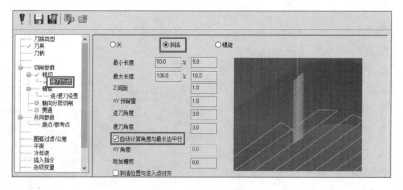

图 4-25　设置进刀方式

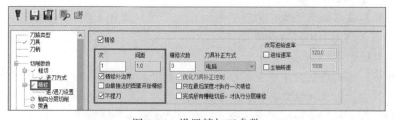

图 4-26　设置精加工参数

08 在【轴向分层切削】选项设置面板中设置刀具在深度方向上切削参数，如图4-27所示。

09 保留其他切削参数的默认设置，单击【2D刀路-2D挖槽】对话框中的【确定】按钮，自动生成刀具路径，如图4-28所示。

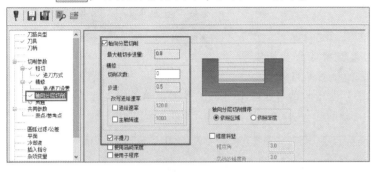

图4-27　设置轴向分层切削参数　　　　图4-28　自动生成刀路

10 在【刀路】管理器面板中单击【毛坯设置】选项，在弹出的【机床群组属性】对话框的【毛坯设置】选项卡中选中【实体/网格】单选按钮，然后选取零件作为毛坯参考，如图4-29所示。单击【确定】按钮完成毛坯的定义。

11 单击【实体仿真】按钮，进行实体仿真模拟，如图4-30所示。

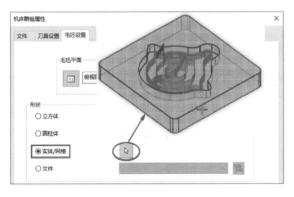

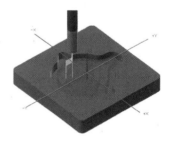

图4-29　设置毛坯　　　　图4-30　实体仿真模拟

● 实战案例——零件凸台挖槽粗加工

相对于零件凹槽的加工，2D挖槽铣削类型也适用于零件凸台（侧壁可斜面也可垂直面）的加工。对如图4-31所示的零件凸台进行挖槽粗加工，粗加工刀路如图4-32所示，具体操作步骤如下。

读者可扫描右侧二维码实时观看本案例教学视频。

图4-31　加工零件　　　　图4-32　粗加工刀路

01 打开本例源文件"4-3. mcam"。

02 在【机床】选项卡的【机床类型】面板中单击【铣床】|【默认】命令，将会弹出【铣床-刀路】选项卡。

03 在【2D】面板中单击【挖槽】按钮 ⊡，将会弹出【实体串连】对话框。选取零件凸台底座平面的内外边线作为加工边界，如图4-33所示。

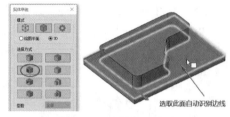

图4-33 选取加工串连

04 在弹出的【2D刀路-2D挖槽】对话框的【刀具】选项设置面板中新建直径为10的圆鼻铣刀（圆角半径2.5），设置主轴转速为3000，进给速率为500，如图4-34所示。

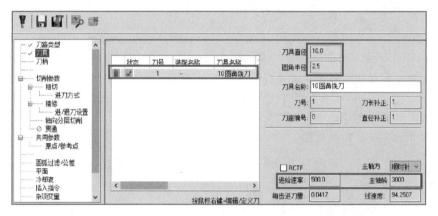

图4-34 新建刀具

05 在【切削参数】选项设置面板中设置【挖槽加工方式】为【平面铣】，如图4-35所示。

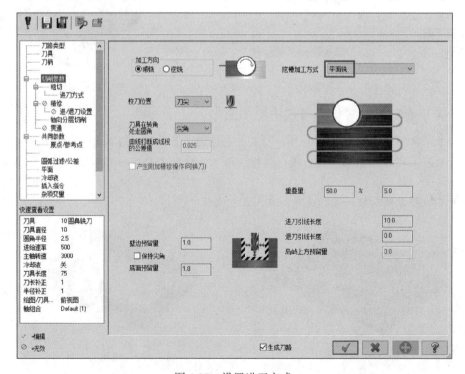

图4-35 设置进刀方式

06 在【粗切】选项设置面板中设置【等距环切】切削方式，如图4-36所示。

07 在【进刀方式】选项设置面板中设置进刀方式为【斜插】，如图4-37所示。

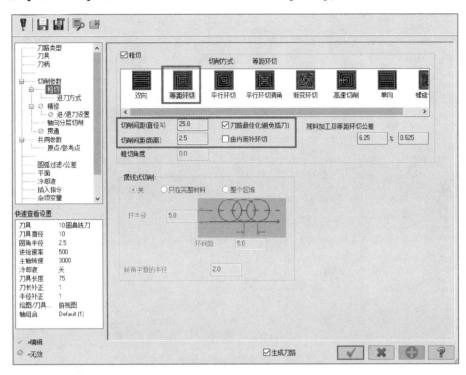

图 4-36 设置粗切方式

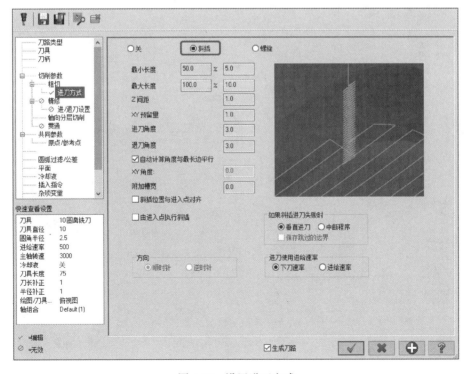

图 4-37 设置进刀方式

08 在【轴向分层切削】选项设置面板中设置轴向分层切削参数，如图4-38所示。

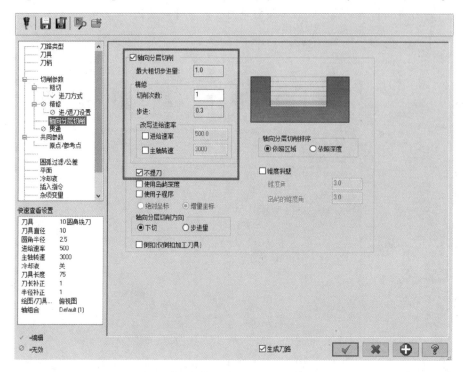

图4-38 设置轴向分层切削参数

09 在【共同参数】选项设置面板中设置共同参数，如图4-39所示。

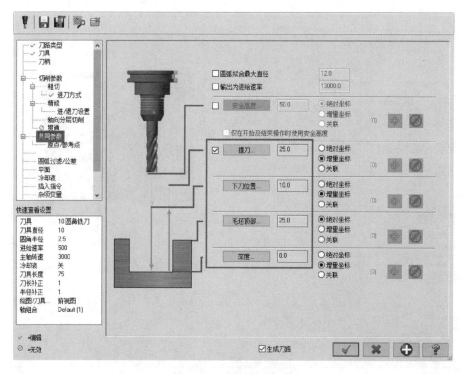

图4-39 设置共同参数

10 保留其他切削参数的默认设置，最后单击【2D 刀路-2D 挖槽】对话框中的【确定】按钮 ✓，自动生成刀具路径，如图 4-40 所示。

11 在【刀路】管理器面板中单击【毛坯设置】选项，在弹出的【机床群组属性】对话框的【毛坯设置】选项卡中选中【立方体】单选按钮，然后选取零件作为毛坯参考，如图 4-41 所示。单击【确定】按钮完成毛坯的定义。

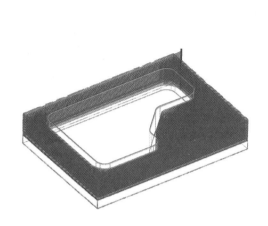

图 4-40　自动生成刀路　　　　　图 4-41　设置毛坯

12 单击【实体仿真】按钮，进行实体仿真模拟，如图 4-42 所示。

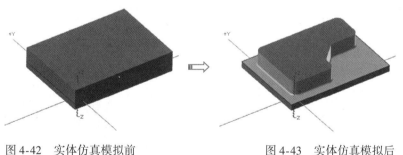

图 4-42　实体仿真模拟前　　　　　图 4-43　实体仿真模拟后

4.1.3　外形铣削加工

外形铣削加工是对零件的外侧壁面或内深腔侧壁进行半精加工或精加工。外形铣削加工可以用于 2D 加工还可以用于 3D 加工，这要取决于用户所选的外形轮廓线是二维曲线还是三维曲线。如果用户选取的曲线是二维的，外形铣削加工刀具路径就是二维的。如果用户选取的曲线是三维的，外形铣削加工刀具路径就是三维的。二维外形铣削加工刀具路径的切削深度不变，是用户设置的深度值，而三维外形铣削加工刀具路径的切削深度是随外形的位置变化而变化的。一般二维外形加工比较常用。

在【铣削-刀路】选项卡的【2D】面板中单击【外形】按钮，选取串连后将会弹出【2D 刀路-外形铣削】对话框。在该对话框的【切削参数】选项设置面板中，包含 5 种外形铣削方式，

如图 4-44 所示。

图 4-44　外形铣削方式

● **实战案例——外形铣削粗加工**

对如图 4-45 所示的零件进行外形铣削粗加工，粗加工刀路如图 4-46 所示，具体操作步骤如下。读者可扫描右侧二维码实时观看本案例教学视频。

图 4-45　加工零件

图 4-46　粗加工刀路

01 打开本例源文件"4-4. mcam"。在【机床】选项卡的【机床类型】面板中单击【铣床】|【默认】命令，将会弹出【铣床-刀路】选项卡。

02 在【2D】面板中单击【外形】按钮，将会弹出【实体串连】对话框，选取外形串连，如图 4-47 所示。

03 在弹出的【2D 刀路-外形铣削】对话框的【刀具】选项设置面板中新建 D30 的平铣刀

图 4-47　选取串连

（总长度 110），创建方法与前面创建平铣刀的方法是一致的。

04 在【2D 刀路-外形铣削】对话框的【切削参数】选项设置面板中设置切削参数，如图 4-48 所示。

> **技术要点**　此处的补正方向要参考刚才选取的外形串连的方向和要铣削的区域，本例要铣削轮廓外的区域，计算机补偿要向外。如果所选外形串连的方向是逆时针，那么此处设置补正方向为"右"，反之则设置为"左"。补正方向的判断法则是：假若人面向串连方向，并沿串连方向行走，要铣削的区域在人的左手侧即向左补正，在右手侧即向右补正。

05 在【切削参数】的【轴向分层铣削】选项设置面板中设置轴向分层切削参数，如图 4-49 所示。

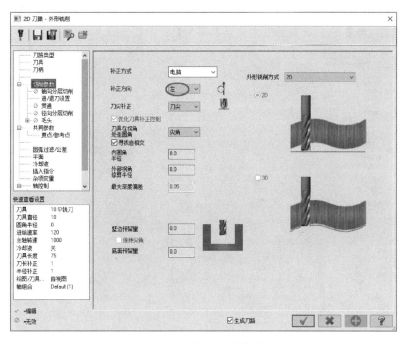

图 4-48　设置切削参数

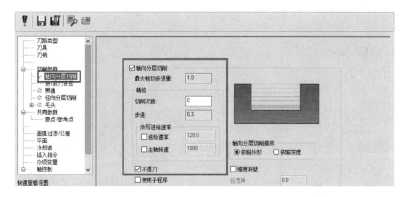

图 4-49　设置轴向分层切削参数

06 在【进/退刀设置】选项设置面板中设置进刀和退刀参数，如图4-50所示。

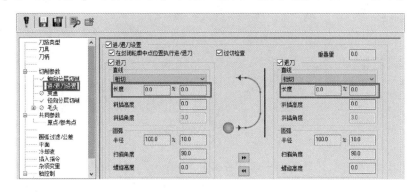

图 4-50　设置进退刀参数

07 在【径向分层切削】选项设置面板中设置径向分层切削参数，如图 4-51 所示。

08 在【共同参数】选项设置面板中设置共同参数，如图 4-52 所示。

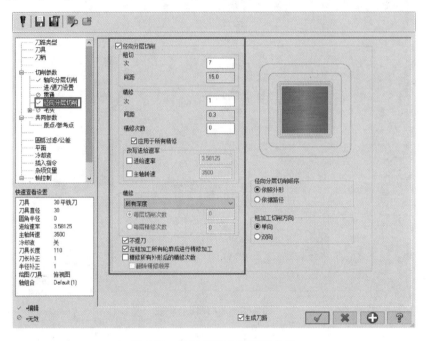

图 4-51　设置径向分层切削参数

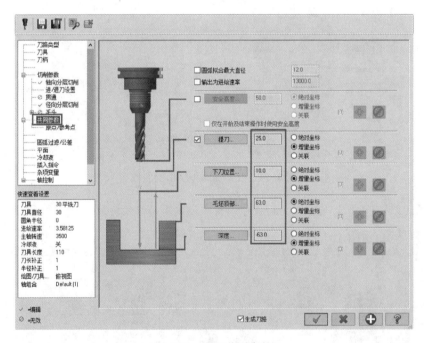

图 4-52　设置共同参数

09 单击【2D-外形铣削】对话框中的【确定】按钮 ✓，生成刀具路径，如图 4-53 所示。

10 在【刀路】管理器面板中单击【毛坯设置】选项，将会弹出【机床群组属性】对话框，在【毛坯设置】选项卡中定义毛坯，如图 4-54 所示。

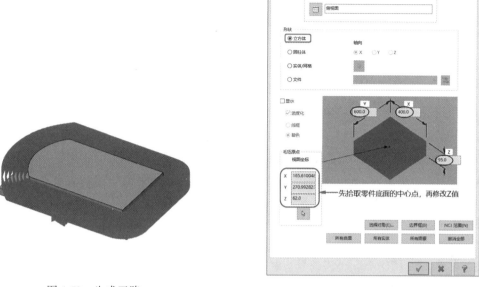

图 4-53　生成刀路

图 4-54　设置毛坯

11　单击【实体仿真】按钮，进行实体仿真模拟，如图 4-55 所示。

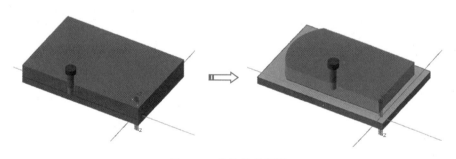

图 4-55　实体仿真模拟

4.1.4　键槽铣削加工

　　使用键槽铣削加工类型可以高效加工长圆形键槽。键槽的轮廓必须是封闭的，并包括两个平行的直边。键槽铣刀路绘制自动计算适合槽的切入点、进入点和退出点。图 4-56 所示为 Mastrecam 自动计算了切入点并将进入/退出圆弧放置在轮廓的中点。键槽铣削只需一次即可完成加工，其槽铣刀的精度非常高，完成满足粗加工、精加工要求。

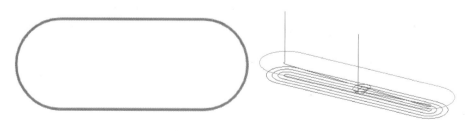

图 4-56　适用于键槽铣削加工类型的轮廓和刀路

● 实战案例——键槽铣削粗加工

对如图 4-57 所示的零件进行键槽铣削粗加工，粗加工刀路如图 4-58 所示，具体操作步骤如下。

读者可扫描右侧二维码实时观看本案例教学视频。

图 4-57　加工零件　　　　　　图 4-58　粗加工刀路

01 打开本例源文件 "4-5. mcam"。在【机床】选项卡的【机床类型】面板中单击【铣床】|【默认】命令，将会弹出【铣床-刀路】选项卡。

02 在【2D】面板中单击【外形】按钮▦，将会弹出【实体串连】对话框，选取外形串连，如图 4-59 所示。

03 在弹出的【2D 刀路-外形铣削】对话框的【刀具】选项设置面板中新建 D10 的平铣刀。

04 在【切削参数】的【轴向分层铣削】选项设置面板中设置轴向分层切削参数，如图 4-60 所示。

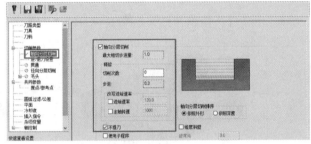

图 4-59　选取串连　　　　　　图 4-60　设置轴向分层切削参数

05 在【共同参数】选项设置面板中设置二维刀具路径共同的参数，如图 4-61 所示。

06 单击【2D-外形铣削】对话框中的【确定】按钮✓，生成键槽铣削刀具路径，如图 4-62 所示。

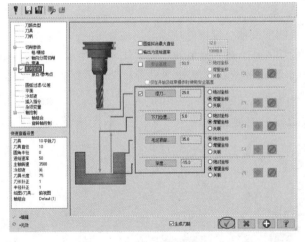

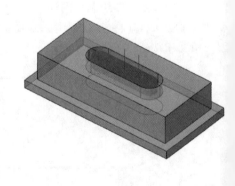

图 4-61　设置共同参数　　　　　　图 4-62　生成键槽铣削刀路

4.1.5 雕刻加工

雕刻加工主要用雕刻刀具对文字及产品装饰图案进行雕刻加工,以提高产品的美观性。一般加工深度不大,但加工主轴转速比较高。此雕刻加工主要用于2D加工,加工的类型有多种,如线条雕刻加工、凸型雕刻加工、凹形雕刻加工等。主要是根据选取的二维线条的不同而产生差别。

在【铣削-刀路】选项卡的【2D】面板中单击【木雕】按钮，选取串连后将会弹出【木雕】对话框。

在【木雕】对话框中除了【刀具参数】选项卡外,还有【木雕参数】选项卡和【粗切/精修参数】选项卡,根据加工类型不同,需要设置的参数也不相同。雕刻加工的参数与挖槽非常类似,下面仅将不同之处进行介绍。雕刻加工的参数设置主要是【粗切/精修参数】选项卡的参数设置,【粗切/精修参数】选项卡如图4-63所示。

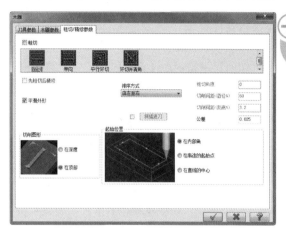

图4-63 【粗切/精修参数】选项卡

1. 粗切

雕刻加工的粗切方式与挖槽类似,主要用来设置粗切走刀方式。粗切的走刀方式共有4种,其参数含义如下。

● 双向切削:刀具切削采用来回走刀的方式,中间不做提刀动作,如图4-64 a所示。

● 单向切削:刀具只按某一方向切削到终点后抬刀返回起点,再以同样的方式进行循环,如图4-64 b所示。

● 平行环切:刀具采用环绕的方式进行切削,如图4-64 c所示。

● 环切并清角:刀具采用环绕并清角的方式进行切削,如图4-64 d所示。

● 先粗切后精修:粗切之后加上精修操作。

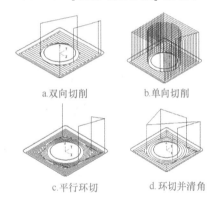

a.双向切削   b.单向切削

c.平行环切   d.环切并清角

图4-64 粗切的走刀方式

2. 加工的排序方式

在【粗切/精修参数】选项卡的【排序方式】下拉列表中有【选择排序】【由上至下】和【由左至右】3种排序方式,用于设置当雕刻的曲线由多个区域组成时粗切精修的加工顺序,如图4-65所示。其参数含义如下。

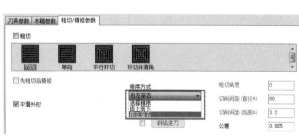

图4-65 3种排序方式

● 选择排序:按用户选取串连的顺序进行加工。

● 由上至下:按从上往下的顺序进行加工。

● 由左至右:按从左往右的顺序进行加工。

3. 其他切削参数

雕刻加工的其他切削参数包括粗切角度、切削间距、切削图形等,下面将分别讲解。

（1）粗切角度

该项只有当粗切的方式为双向切削或单向切削时才被激活，在【粗切/精修参数】选项卡的【粗切角度】文本框中输入粗切角度值，即可设置雕刻加工的切削方向与X轴的夹角方向。此处默认值为0，有时为了切削效果，可将粗加工的角度和精加工角度交错开，即将粗加工设置不同的角度来达到目的。

（2）切削间距

切削间距是用来设置切削路径之间的距离，避免刀具间距过大，导致刀具损伤或加工后弹出过多的残料。一般设为60%～75%，如果是V形刀，即刀具底下有效距离的60%～75%。

（3）切削图形

由于雕刻刀具采用V形刀具，加工后的图形呈现上大下小的槽形。切削图形就是用来控制刀具路径是在深度上，还是在坯料顶部采用所选串连外形的形式，也就是选择让加工结果在深度上（即底部）反映设计图形，还是在顶部反映出设计图形。其参数含义如下。

- 在深度：加工结果在加工的最后深度上与加工图形保持一致，而顶部比加工图形要大。
- 在顶部：加工结果在顶端加工出来的形状与加工图形保持一致，底部比加工图形要小。

（4）平滑外形

平滑外形是指将图形中某些局部区域的折角部分不便加工，对其进行平滑化处理，使其便于刀具加工。

（5）斜插进刀

斜插进刀是指刀具在槽形工件内部采用斜向下刀的方式进行进刀，避免直接进刀对刀具造成损伤，也可能对工件造成损伤。采用斜插进刀利于刀具平滑、顺利进入工件。

（6）起始位置

设置雕刻的刀具路径起始位置，有三种，在内部角、在串连的起始点和在直线的中心，主要适合雕刻线条。其参数含义如下。

- 在内部角：在曲线的内部转折的角点作为起始点进刀。
- 在串连的起始点：在选取的串连的起始点作为进刀点。
- 在直线的中心：以直线的中点作为进刀点。

● 实战案例——文字雕刻加工

对如图4-66所示的平面文字图形进行雕刻加工，加工模拟的结果如图4-67所示，具体操作步骤如下。读者可扫描右侧二维码实时观看本案例教学视频。

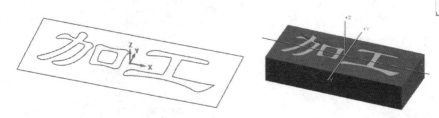

图4-66　加工图形　　　　图4-67　加工模拟的结果

01 打开源文件"4-6. mcam"。在【机床】选项卡的【机床类型】面板中单击【铣床】|【默认】命令，弹出【铣床-刀路】选项卡。

02 在【2D】面板中单击【木雕】按钮，将会弹出【串连选项】对话框。选取如图4-68

所示的串连。

03 在弹出的【木雕】对话框的【刀具参数】选项卡中新建直径为 1 的圆鼻铣刀，如图 4-69 所示。

04 在【木雕参数】选项卡中设置二维共同参数，将深度设为 −1，单击【确定】按钮 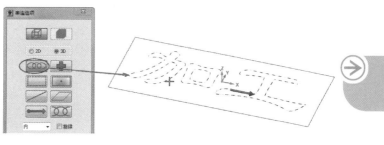，完成参数设置，如图 4-70 所示。

图 4-68 选取串连

05 在【粗切/精修参数】选项卡中设置粗切方式和精修相关参数，如图 4-71 所示。

06 根据所设置的参数生成雕刻刀具路径，如图 4-72 所示。

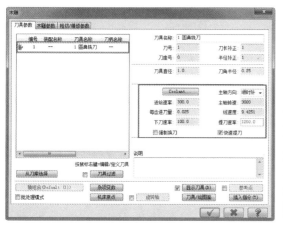

图 4-69 新建刀具

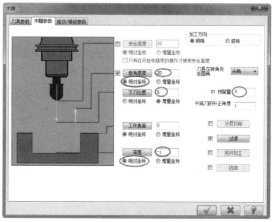

图 4-70 木雕加工参数

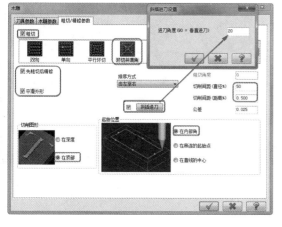

图 4-71 设置粗切/精修参数

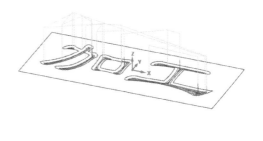

图 4-72 刀具路径

07 在【刀路】管理器面板中单击【毛坯设置】选项，在弹出的【机床群组属性】对话框的【毛坯设置】选项卡中定义如图 4-73 所示的毛坯。

08 单击【实体仿真】按钮，进行实体仿真模拟，如图 4-74 所示。

图 4-73　设置毛坯　　　　　　　　　　图 4-74　实体模拟结果

4.2　2D 高速铣削加工类型（精加工）

2D 高速铣削加工够通过专用切削刀具的刃长最大限度地去除毛坯材料，同时最大限度地减少刀具磨损。2D 高速铣削加工的优势在于如下几点。

- 避免因刀具刀刃部分不够长而不能快速去除材料。
- 能够避免刀具因过热而折断。
- 更好的排屑效果。

精加工铣削类型所用刀具比粗加工时的刀具要小、齿数要多，并且主轴转速、切削进给速率等都有所变化。Mastercam 的 2D 高速铣削加工类型包括动态铣削、区域铣削、动态外形、剥铣和熔接铣削等。下面简要介绍常见的铣削类型。

4.2.1　动态铣削与区域铣削

动态铣削与区域铣削都属于 2D 挖槽加工类型，只不过专用来高速精加工，可快速去除残料。
其中，动态铣削是 2D 挖槽加工中的"高速切削"切削方式，区域铣削则是 2D 挖槽加工中的"平行环切"切削方式。

动态铣削加工类型与区域铣削类型可用来精加工零件的凹槽面、开口凹槽面、凸台侧面等。不同之处在于两者之间的走刀方式，如图 4-75 所示。

动态铣削刀路　　　　　区域铣削刀路
图 4-75　动态铣削和区域铣削的刀路比较

● 实战案例——动态铣削粗加工

对如图 4-76 所示的零件凹槽进行动态铣削精加工，加工刀路如图 4-77 所示，具体操作步骤如下。

读者可扫描右侧二维码实时观看本案例教学视频。

图 4-76　加工零件　　　　　　　图 4-77　精加工刀路

01 在快速访问工具栏中单击【打开】按钮，打开本例源文件中的"4-7.mcam"文件。打开的模型中已完成2D挖槽粗加工。

02 在【铣削-刀路】选项卡的【2D】面板中单击【动态铣削】按钮，将会弹出【串连选项】对话框。在该对话框中单击【加工范围】下的【选择加工串连】按钮，重新选择加工串连为零件内轮廓，如图4-78所示。

03 在弹出的【2D高速刀路-动态铣削】对话框的左侧选项列表中单击【刀具】选项，右侧显示刀具设置选项，重新创建一把D10平铣刀（增加齿数为5），并修改其切削参数，如图4-79所示。

图4-78　选取加工串连

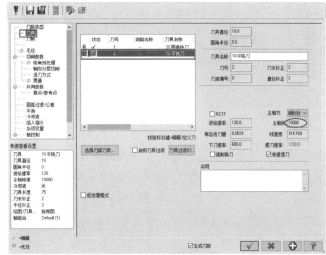

图4-79　新建刀具

04 在【切削参数】选项设置面板中设置切削参数，如图4-80所示。

05 在【轴向分层切削】设置面板中设置轴向切削参数，如图4-81所示。

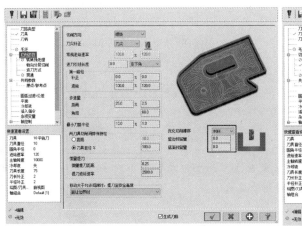

图4-80　设置切削参数

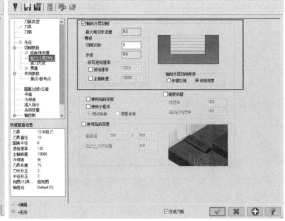

图4-81　设置轴向分层切削参数

06 设置【共同参数】选项，如图4-82所示。

07 在【平面】选项设置面板中设置刀具平面为"俯视图"，即单击【选择刀具平面】按钮，在弹出的【选择平面】对话框中选择【俯视图】平面，如图4-83所示。

设置刀具平面的目的就是设置加工坐标系，必须使加工刀具与加工坐标系的Z轴保持一致，也就是待加工平面与刀具平面平行或共面。

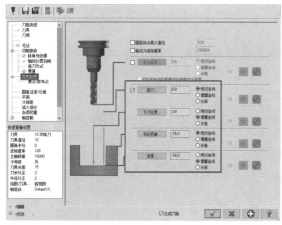

图4-82 设置共同参数

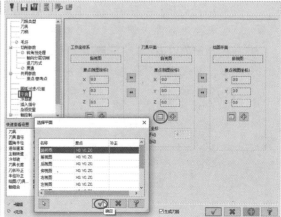

图4-83 设置刀具平面

08 其余平面铣削参数保留默认，单击【2D高速刀路-动态铣削】对话框中的【确定】按钮，生成精加工刀路，如图4-84所示。

09 在【机床】选项卡的【模拟】面板中单击【实体仿真】按钮，进入到实体仿真界面中进行实体仿真，模拟结果如图4-85所示。

图4-84 生成精加工刀路

图4-85 实体仿真模拟结果

4.2.2 动态外形铣削

动态外形也就是常说的清根加工，用于清除零件中余留的侧壁残料，下面介绍动态外形铣削类型的实际应用案例。

● 实战案例——动态外形铣削加工

对如图4-86所示的零件进行动态外形高速铣削加工，加工刀路如图4-87所示，具体操作步骤如下。读者可扫描右侧二维码实时观看本案例教学视频。

图4-86 加工零件

图4-87 加工刀路

01 打开本例源文件 "4-8.mcam"。打开的模型中已经完成零件的粗加工和半精加工（二次开粗）加工刀路。

02 在【铣削-刀路】选项卡的【2D】面板中单击【动态外形】按钮，将会弹出【实体串连】对话框。在该对话框中单击【加工范围】下的【选择加工串连】按钮，重新选择加工串连为零件凸台底轮廓，如图 4-88 所示。

03 在弹出的【2D 高速刀路-动态外形】对话框的左侧选项列表中单击【刀具】选项，右侧显示刀具设置选项，重新创建一把 D10 平铣刀（增加齿数为 5 且不带圆角），并修改其主轴转速参数，如图 4-89 所示。

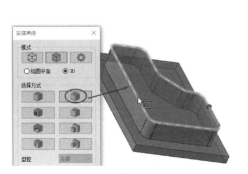

图 4-88 选取加工串连

图 4-89 新建刀具

04 在【切削参数】选项设置面板中设置切削参数，如图 4-90 所示。

05 在【外形毛坯参数】选项设置面板中设置外形毛坯参数，如图 4-91 所示。

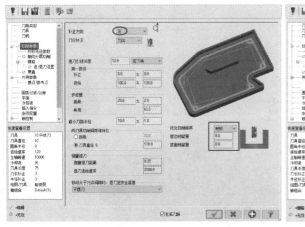

图 4-90 设置切削参数

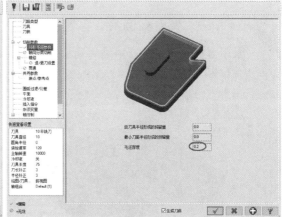

图 4-91 设置外形毛坯参数

06 在【精修】选项设置面板中设置精加工选项和参数，如图 4-92 所示。

07 在【共同参数】选项设置面板中设置提刀参数，如图 4-93 所示。

08 其余铣削参数保留默认，单击【2D 高速刀路-动态外形】对话框中的【确定】按钮，生成外形铣削精加工刀路，如图 4-94 所示。

09 在【刀路】管理器面板中选中【刀具群组-1】节点，然后在【机床】选项卡的【模拟】面板中单击【实体仿真】按钮，进入到实体仿真界面中进行实体仿真。粗加工、半精加工和精加工的模拟结果如图 4-95 所示。

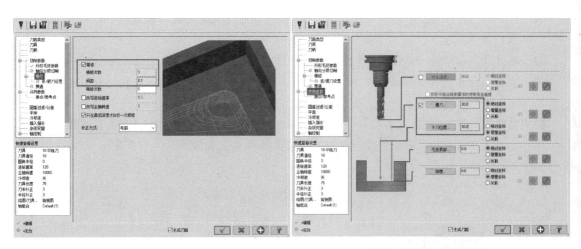

図 4-92　设置精修参数　　　　　　図 4-93　设置共同参数

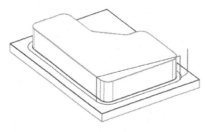

图 4-94　生成精加工刀路

图 4-95　实体仿真模拟

4.3 综合案例——零件平面铣削加工

本小节中将对如图 4-96 所示的零件进行铣削加工，包括零件粗加工、半精加工和精加工，以及清根加工等。最终加工结果如图 4-97 所示，具体操作步骤如下。

读者可扫描右侧二维码实时观看本案例教学视频。

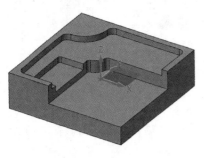

图 4-96　加工图形

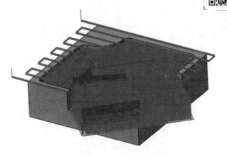

图 4-97　加工结果

本例零件中有多个开放凹槽，而且各槽深度均不一样，槽大小也不同，将每一个开放槽独立加工。对于封闭的凹槽，可以直接采用标准挖槽即可。对于开放型凹槽，可用开放式挖槽或平面铣加工方式。加工工序如下。

● 采用 D40 的面铣刀粗铣（加精铣）毛坯表面，得到零件上表面。

● 采用 D20、底面圆角半径为 5 的圆鼻铣刀对三个凹槽进行粗铣。

● 采用 D10、底面圆角半径为 2.5 的圆鼻铣刀对凹槽侧壁和底面进行半精铣加工。

- 采用 D10 的平铣刀对凹槽的边角进行外形铣削（清根加工）。
- 实体模拟仿真加工。

4.3.1 创建刀具并设置毛坯

可以先于创建加工工序时创建刀具，也可以在创建加工工序过程中创建刀具。毛坯设置后便于后续的铣削加工模拟，具体操作步骤如下。

01 打开本例源文件"4-9.mcam"。在【机床】选项卡的【机床类型】面板中单击【铣床】|【默认】命令，将会弹出【铣床-刀路】选项卡。

02 在【铣床-刀路】选项卡的【工具】面板中单击【刀具管理】按钮，将会弹出【刀具管理】对话框。

03 在刀具列表中单击鼠标右键并选择右键菜单中的【创建新刀具】命令，创建直径为 40（D40）的面铣刀。同理，再依次创建其余铣刀，如图 4-98 所示。

图 4-98　创建新刀具

04 在【刀路】管理器面板中单击【毛坯设置】命令，将会弹出【机床群组属性】对话框。在【毛坯设置】选项卡中单击【边界框】按钮，然后选择零件作为参考，单击【边界框】选项面板中的【确定】按钮后完成边界框的创建。返回到【毛坯设置】选项卡中修改边界框模型的 Z 参数（90 改为 95），最后单击【确定】按钮完成毛坯的设置，如图 4-99 所示。

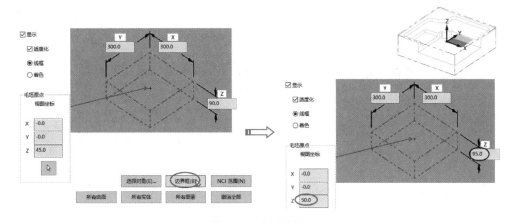

图 4-99　毛坯设置

4.3.2 零件表面铣削加工

采用 D40 的面铣刀对零件上表面进行粗加工、半精加工和精加工。可在一个工序中完成，具体操作步骤如下。

01 在【平面】管理器面板中单击【创建新平面】|【相当于 WCS】|【俯视图】命令，在弹出的【新建平面】选项面板中设置 Z 值为 50，单击【确定】按钮完成新平面的创建，如图 4-100 所示。

02 以新平面为绘图平面（即工作平面），绘制如图 4-101 所示的矩形（参考零件外形绘制）作为铣削加工边界。

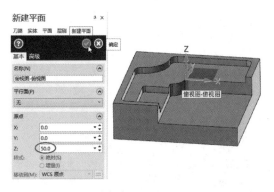

图 4-100 新建平面

图 4-101 绘制矩形

03 在【铣削-刀路】选项卡的【2D】面板中单击【面铣】按钮 ，在弹出的【线框串连】对话框中单击【线框】按钮 和【串连】按钮 ，再选取上一步骤绘制的矩形作为加工串连，选取后单击【确定】按钮 ，如图 4-102 所示（注意，默认弹出是【实体串联】对话框，单击了【线框】按钮 后对话框名称会变为【线框串连】）。

04 在弹出的【2D 刀路-平面铣削】对话框的左侧选项列表中单击【刀具】选项，在右侧的刀具列表中选择编号为 1 的 D40 面铣刀作为当前工序的加工刀具，然后设置切削参数，如图 4-103 所示。

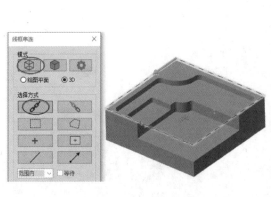

图 4-102 选取加工串连

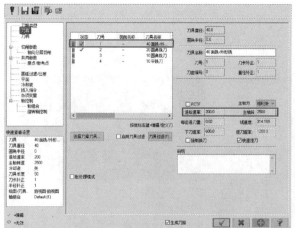

图 4-103 选择刀具

05 在【切削参数】选项设置面板中设置切削参数，如图 4-104 所示。

06 在【轴向分层切削】设置面板中设置轴向切削参数，如图4-105所示。

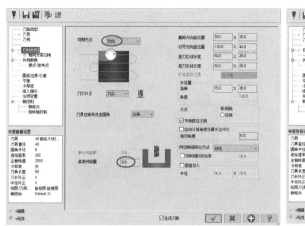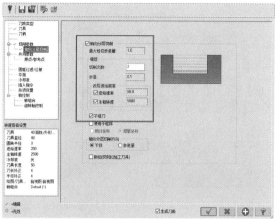

图4-104 设置切削参数　　　　图4-105 设置轴向分层切削参数

07 在【2D-平面铣削】对话框中设置【共同参数】选项，如图4-106所示。

08 其余平面铣削参数保留默认，单击【2D-平面铣削】对话框中的【确定】按钮，生成平面铣削刀路，如图4-107所示。

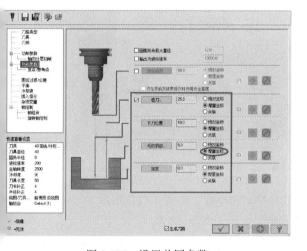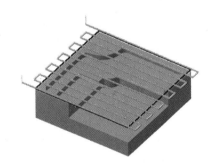

图4-106 设置共同参数　　　　图4-107 生成的刀路

4.3.3 凹槽粗铣加工

采用D30的圆鼻铣刀对零件上的三个开放凹槽进行粗加工。这三个凹槽不共面，在生成刀路时可选择【平面铣】或【开放式凹槽】方式。本次粗加工采用的分区铣削方法，其实也可一次性将三个凹槽进行粗铣，但是会产生较多空刀，实际加工中是不可取的。

1. 最下层凹槽粗加工

最下层凹槽粗加工的具体操作步骤如下。

01 在【2D】面板中单击【挖槽】按钮，在弹出的【实体串连】对话框中单击【部分环】按钮，选取最下层凹槽底面的边界，选取边时要从开放轮廓处选取，接着在另一开放轮廓处选取边，以此形成开放环，如图4-108所示。单击【确定】按钮完成加工串连的选取。

02 在弹出的【2D刀路-2D挖槽】对话框的【刀具】选项设置面板中选择编号为2的D20圆

鼻铣刀并设置主轴转速为5000、进给速率为150，如图4-109所示。

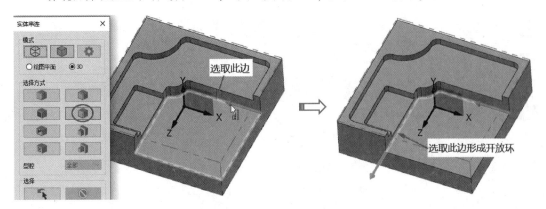

图 4-108　选取轮廓边形成开放环

03 在【切削参数】选项设置面板中设置切削参数，如图4-110所示。

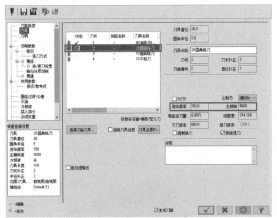

图 4-109　选择加工刀具

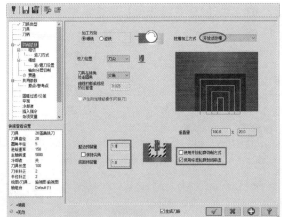

图 4-110　设置切削参数

04 在【轴向分层切削】选项设置面板中设置轴向切削参数，如图4-111所示。

05 在【共同参数】选项设置面板中设置共同的参数，如图4-112所示。

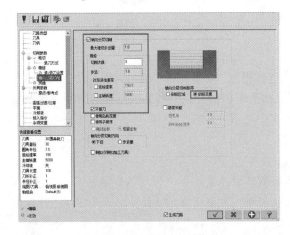

图 4-111　设置分层切削参数

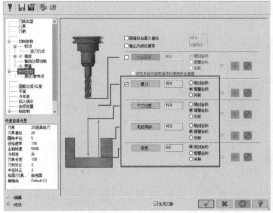

图 4-112　设置共同参数

06 根据所设参数，生成粗加工刀路，如图 4-113 所示。进行实体加工模拟，结果如图 4-114 所示。

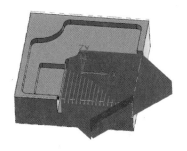

图 4-113　生成粗加工刀路

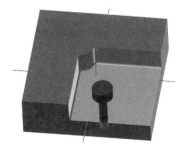

图 4-114　实体加工模拟

2. 中层凹槽粗加工

中层凹槽粗加工的具体操作步骤如下。

01 在【刀路】管理器面板的【刀具群组-1】节点中复制最下层凹槽粗加工工序，并原位粘贴这个粗加工工序，如图 4-115 所示。

图 4-115　复制并粘贴工序

02 在复制的新工序中单击【参数】节点，将会弹出【2D 刀路-2D 挖槽】对话框。在【刀路类型】选项设置面板中单击【移除串连】按钮 ⊕ 移除串连，再单击【选择串连】按钮 ▷，按照之前的开放环选取方法，选取中层凹槽开放轮廓为加工串连，如图 4-116 所示。

03 在【切削参数】选项设置面板中修改重叠量参数，如图 4-117 所示。

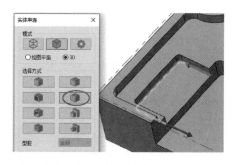

图 4-116　重新选择加工刀具

04 在【共同参数】选项设置面板中修改共同参数，如图 4-118 所示。

05 其他切削参数保留默认，单击【确定】按钮 ✔ 生成中层凹槽的粗加工刀路，如图 4-119 所示。对已经完成的 3 个工序进行实体加工模拟，如图 4-120 所示。

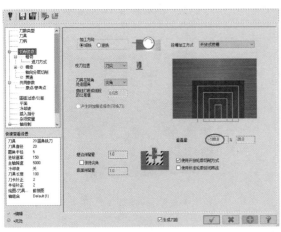

中文版 **Mastercam 2022数控加工从入门到精通**

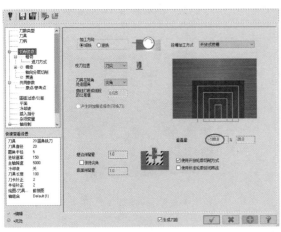
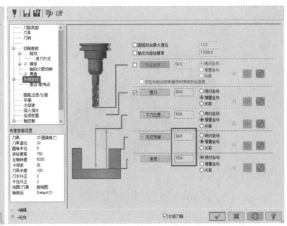

图 4-117　修改切削参数　　　　　　　　　图 4-118　修改共同参数

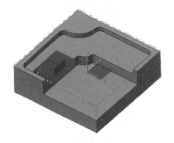
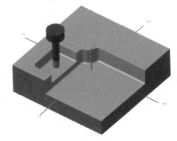

图 4-119　生成粗加工刀路　　　　　　　　图 4-120　实体加工模拟

3. 上层凹槽粗加工

上层凹槽粗加工的具体操作步骤如下。

01 复制中层凹槽的粗加工工序，以此作为上层凹槽的粗加工工序。

02 在复制的新工序中单击【参数】节点，将会弹出【2D 刀路-2D 挖槽】对话框。在【刀路类型】选项设置面板中单击【移除串连】按钮 ⊗ 移除串连，再单击【选择串连】按钮 ▸，按照之前的开放环选取方法，选取上层凹槽开放轮廓为加工串连，如图 4-121 所示。

03 在【共同参数】选项设置面板中修改共同参数，如图 4-122 所示。

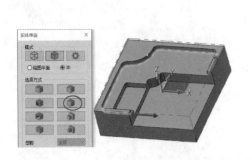
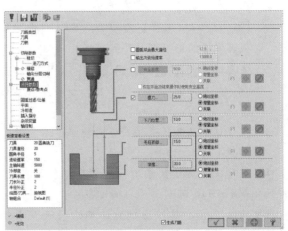

图 4-121　重新选择加工串连　　　　　　　图 4-122　修改共同参数

04 其他切削参数保留默认，单击【确定】按钮 ✔ 生成中层凹槽的粗加工刀路，如图 4-123 所示。对已经完成的 3 个工序进行实体加工模拟，如图 4-124 所示。

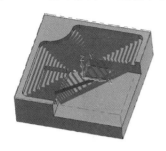

图 4-123　生成粗加工刀路

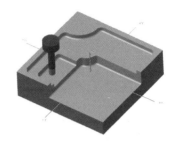

图 4-124　实体加工模拟

4.3.4　凹槽粗半精加工

半精加工的加工串连即部分铣削设置与粗加工是相同的，不用重新创建工序操作。可通过在【刀路】管理器面板的【刀具群组-1】节点中复制粗加工工序，然后修改参数和刀具即可，这样可以快速完成工序的创建，提高工作效率，具体操作步骤如下。

01 在【刀路】管理器面板中将 3 个凹槽粗加工的工序进行复制并粘贴，如图 4-125 所示。

02 依次将复制的 3 个粗加工工序进行铣削参数修改（统一修改）。首先是修改下层凹槽，在打开的【2D 刀路-2D 挖槽】对话框中替换刀具，换成编号为 3 的 D10 圆鼻铣刀，如图 4-126 所示。

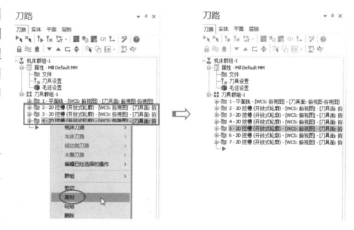

图 4-125　复制工序

03 修改【切削参数】选项设置面板中的预留量和重叠量，如图 4-127 所示。

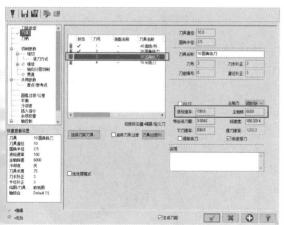

图 4-126　修改刀具

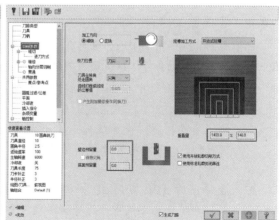

图 4-127　修改预留量

04 修改【轴向分层切削】选项设置面板中的参数，如图 4-128 所示。

05 修改【共同参数】，如图 4-129 所示。

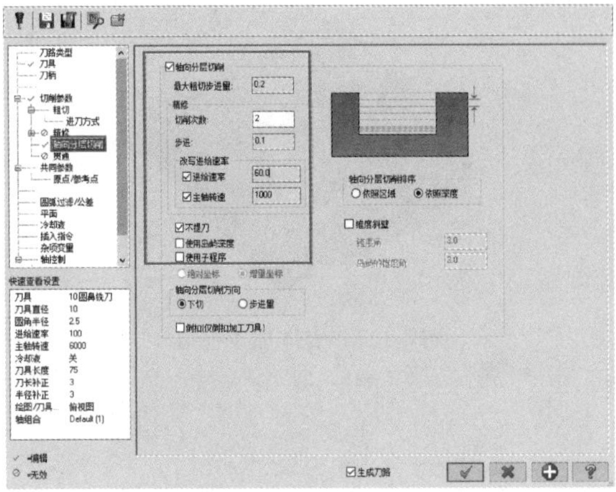

图 4-128 修改轴向分层切削参数

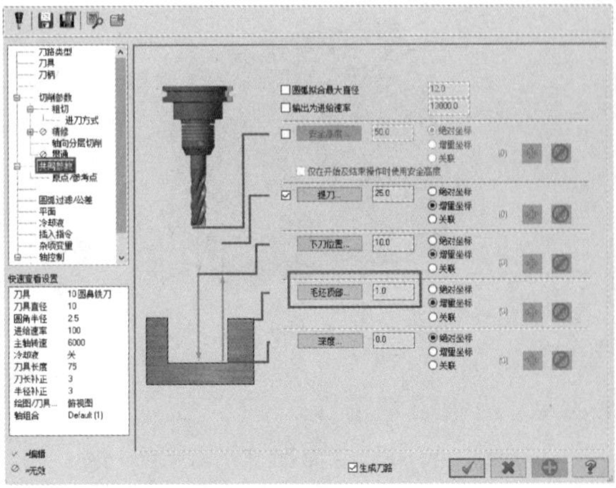

图 4-129 修改共同参数

06 其他切削参数保留默认，单击【确定】按钮 ✔ 生成下层凹槽的粗加工刀路，如图 4-130 所示。

07 其余两个粗加工工序也按此方法进行修改。只是在【切削参数】选项设置面板中的重叠量为修改前的一倍。其他按照以上步骤进行修改即可，最终生成的中层凹槽刀路如图 4-131 所示。生成的上层凹槽刀路如图 4-132 所示。

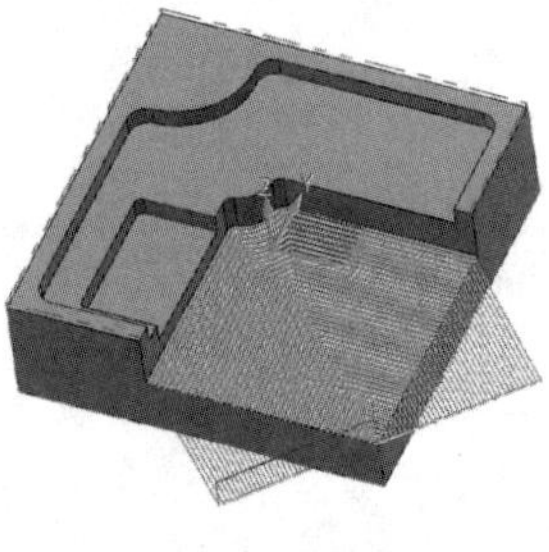

图 4-130 下层凹槽精加工刀路

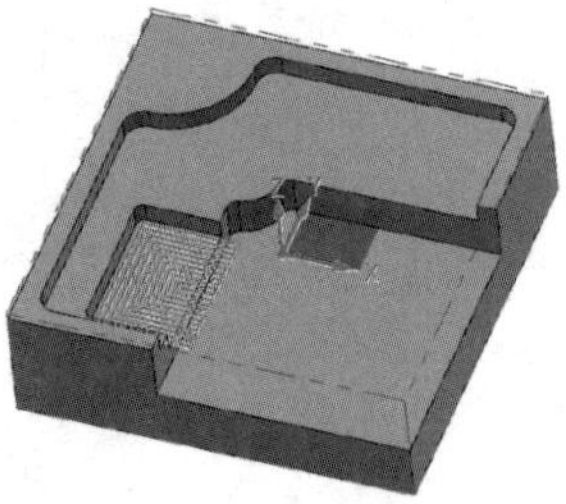

图 4-131 中层凹槽精加工刀路

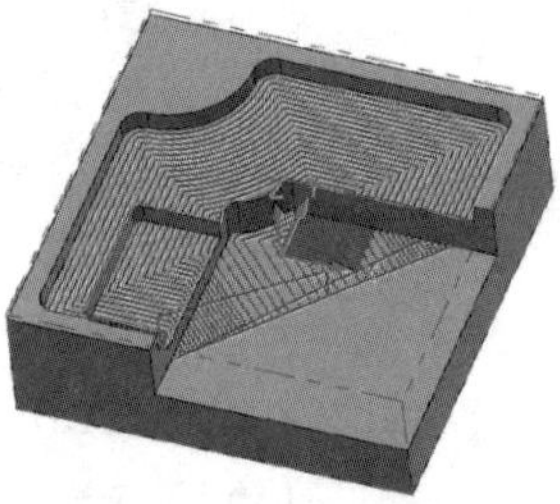

图 4-132 上层凹槽精加工刀路

4.3.5 清根加工（外形铣削）

凹槽底面和侧壁精加工后，因为在前面所选的刀具均为圆鼻铣刀且有圆角，所以在阴角处还存在一些残料，需要进行外形铣削进行清除，具体操作步骤如下。

01 在【2D】面板中单击【外形】按钮，将会弹出【实体串连】对话框。单击【部分环】按钮，按照前面凹槽加工时选取开放环的方法，同时将三个凹槽的开放环轮廓选中，如图 4-133 所示。

02 在弹出的【2D 刀路-2D 挖槽】对话框的【刀具】选项设置面板中，选择编号为 4 的 D20 平选刀并设置主轴转速为 10000、进给速率为 50，如图 4-134 所示。

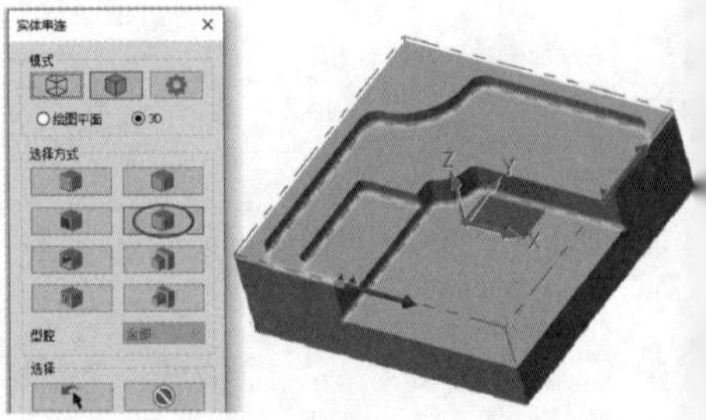

图 4-133 选取三个凹槽的轮廓边形成开放环

03 在【切削参数】选项设置面板中设置切削参数，如图 4-135 所示。

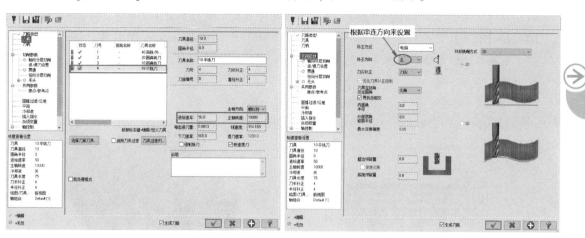

图 4-134 选择加工刀具　　　　　　　图 4-135 设置切削参数

04 在【径向分层切削】选项设置面板中设置轴向切削参数，如图 4-136 所示。

05 在【共同参数】选项设置面板中设置共同的参数，如图 4-137 所示。

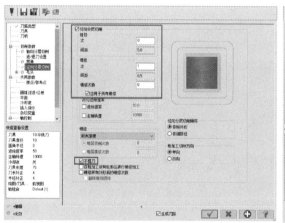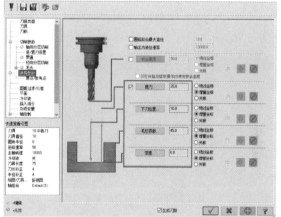

图 4-136 设置径向分层切削参数　　　　图 4-137 设置共同参数

06 根据所设参数，生成粗加工刀路，如图 4-138 所示。

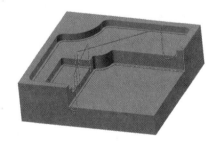

图 4-138 生成粗加工刀路

4.3.6 模拟仿真

刀具路径全部编制完毕后，对刀具路径设置毛坯并进行模拟，检查刀路是否弹出问题。下面将讲解毛坯的设置和模拟加工操作，具体操作步骤如下。

01 在【刀路】管理器面板中按住〈Ctrl〉键选中前面创建的 8 个工序操作，如图 4-139 所示。

02 在【机床】选项卡中单击【实体仿真】按钮，打开 Mastercam 模拟器窗口进行实体仿真模拟，模拟结果如图 4-140 所示。

图 4-139　选中要模拟的工序操作

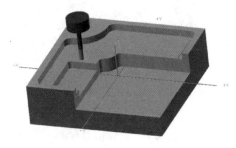

图 4-140　实体加工模拟结果

第5章 3D曲面铣削案例解析

本章导读 《

　　Mastercam 2022提供了多种零件3D铣削加工方式来进行切削。3D铣削加工实际上就是对零件的外形轮廓进行切削。零件的外形不外乎两种：一种是平面外形，另一种就是曲面外形。在平面及曲面外形中加工中使用3轴数控机床的称为固定轴（3D或称"3轴"）3D曲面铣削加工，在曲面外形加工中使用3轴以上的数控机床进行加工的称为可变轴（多轴）3D曲面铣削加工。本章重点介绍3D曲面铣削削加工。

5.1　3D曲面铣削加工类型介绍

　　利用3D曲面铣削加工可移除平面层中的大量材料，由于在铣削后会残留余料，因此3D曲面铣削最常用于在精切操作之前对材料进行粗铣。

5.1.1　3D曲面铣削与2D平面铣削的区别

　　3D曲面铣削的加工过程与2D平面铣类似，都是用平面的切削层（垂直于刀轴）去除大量材料。不同的是定义几何体的方法，平面铣只能使用边界（包括封闭、开放的实体边和2D平面曲线）定义加工几何体，而3D曲面铣削则可以使用边界、面、曲线和实体，并且常用实体面来定义模具的型腔和型芯。

　　2D平面铣用于切削具有竖直壁的部件以及垂直于刀轴的平面岛和底部面。适合平面铣的零件如图5-1所示。3D曲面铣削适用于切削具有带锥度的壁以及轮廓底部为曲面的部件。适合3D曲面铣削的零件如图5-2所示。

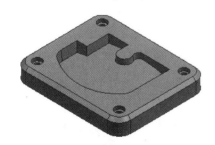

图5-1　2D平面铣零件

图5-2　3D曲面铣削零件

5.1.2　3D曲面铣削加工类型

　　在【铣床-刀路】选项卡的【3D】面板中展开该面板所有的工具命令，其中就包含了3D曲面铣削的粗切（也叫"粗加工"）和精切（也叫"精加工"）铣削类型。在【机床】选项卡的【机床类型】面板中单击【铣床】|【默认】命令，弹出【铣床-刀路】选项卡。在【3D】面板中包括了所有3D曲面铣削加工类型，如图5-3所示。

> 技术要点　　本章中的"精加工"和"精切"是一个意思，没有必要统一说法，因为实际加工和数控切削理论中人们总是称之为"精加工"，而"精切"是Mastercam软件中的名词，为了图文一致等情况，也不用非要改成"精加工"。

　　3D曲面铣削也分常规铣削和高速铣削。在某些情况下，用户更希望使用常规铣削加工方式来切削零件表面，而不是使用高速切削方式，常规铣削加工具有如下优势。

● 某些类型的刀具运动，例如切入式粗切，不支持高速加工或不适合高速加工。

● 有些数控机床不适合与高速刀具路径相关的较高进给速率。例如，高速刀路往往会产生更多的退刀动作。

● 常规铣削可能具有高速版本中没有的选项和参数，例如"进刀/退刀"的更多选项。

　　Mastercam粗切和精切的工具命令可相互应用，也就是说，使用粗切工具命令既可以进行粗切切削也可以进行精切切削。

图5-3　3D曲面铣削加工类型

5.2　3D 曲面常规铣削类型

　　所谓的"常规"铣削类型是指利用传统的铣削加工方法，对零件表面进行粗切、半精切和精切，得到最终的光亮表面。传统的铣削加工缺点较多，主要表现为如下几点。

● 加工时间长。
● 刀具容易与零件发生碰撞。
● 每一次加工后残料较多。
● 表面粗糙度较差。

　　在Mastercam中3D曲面常规铣削类型包括有粗切和精切两种。

5.2.1　3D 粗切铣削类型

　　3D粗切铣削类型中用于常规铣削的有平行粗切、投影粗切、挖槽粗切、钻削粗切和多曲面挖槽粗切等。

　　1. 平行粗切

　　平行粗切使用多个恒定的轴向切削层来快速去除毛坯。平行粗切的刀具沿指定的进给方向进行切削，生成的刀路相互平行。平行粗切刀路比较适合加工相对比较平坦的曲面，包括凸起曲面和凹陷曲面。

● 实战案例——平行粗切

　　采用平行粗切方法对如图5-4所示的零件表面进行铣削加工，加工刀路如图5-5所示，具体操作步骤如下。读者可扫描右侧二维码实时观看本案例教学视频。

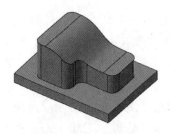

图5-4　零件模型

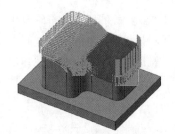

图5-5　加工结果

01 打开本例源文件 "5-1. mcam"。

02 在【铣削-刀路】选项卡的【3D】面板【粗切】组中单击【平行】按钮 🛒，在弹出的【选择工件形状】对话框中选中【凸】单选按钮，单击【确定】按钮 ✔ 后三连击鼠标左键以选取零件作为工件形状，如图5-6所示。

03 在弹出的【刀路曲面选择】对话框中单击【移除】按钮移除系统选取的面，然后选取加工面和切削范围，如图5-7所示。完成后单击【确定】按钮 ✔。

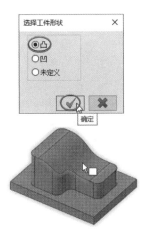

图5-6 选取工件形状

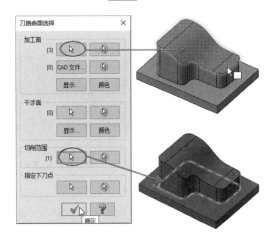

图5-7 选取加工面和切削范围

04 在弹出的【曲面粗切平行】对话框的【刀具参数】选项卡中新建一把D10的圆鼻铣刀，其他参数保留默认，如图5-8所示。

05 在【曲面粗切平行】对话框的【曲面参数】选项卡中设置曲面相关参数，如图5-9所示。

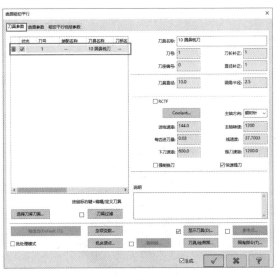

图5-8 新建刀具

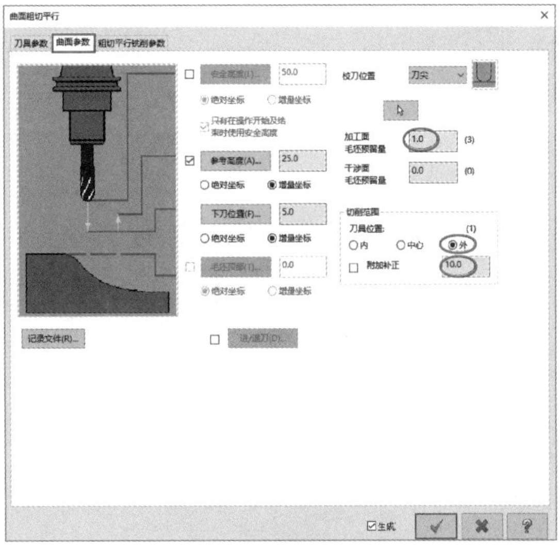

图5-9 设置曲面参数

06 在【曲面粗切平行】对话框的【粗切平行铣削参数】选项卡中设置平行粗切的基本参数，如图5-10所示。

07 在【粗切平行铣削参数】选项卡中单击【切削深度】按钮 切削深度，在弹出的【切削深度设置】对话框中设定第一层切削深度和最后一层的切削深度，如图 5-11 所示。

图 5-10　设置平行粗切基本参数

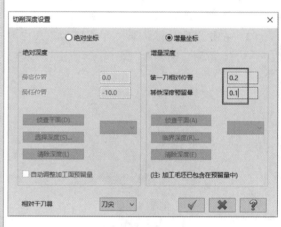

图 5-11　设置切削深度

08 在【粗切平行铣削参数】选项卡中单击【间隙设置】按钮 间隙设置(G)，设置刀路在遇到间隙时的处理方式，如图 5-12 所示。

09 单击【曲面粗切平面】对话框中的【确定】按钮 ✔，生成平行粗切刀路，如图 5-13 所示。

> 技术要点　　平行铣削加工的缺点是在比较陡的斜面会留下梯田状残料，而且残料比较多。另外平行铣削加工提刀次数特别多，对于凸起多的工件就更明显，而且只能直线下刀，对刀具不利。

图 5-12　间隙设置

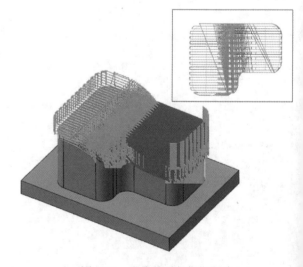

图 5-13　生成的平行粗切刀路

2. 投影粗切

投影粗切是将选定的几何图形或现有刀路投影到曲面（加工区域）上以产生刀路。投影加工的类型有：曲线投影、NCI 文件投影加工和点集投影。

● 实战案例——投影粗切

对如图 5-14 所示的曲线投影刀曲面上形成刀路，加工刀路如图 5-15 所示，具体操作步骤如下。读者可扫描右侧二维码实时观看本案例教学视频。

图 5-14　零件模型

图 5-15　投影加工刀路

01 打开源文件 "5-2. mcam"。

02 在【铣削-刀路】选项卡的【3D】面板中单击【投影】按钮，将会弹出【选择工件形状】对话框，选中工件形状选项为【凸】，再选择曲面作为零件加工曲面，如图 5-16 所示。

03 由于工件形状为顶部曲面，该曲面已经定义了切削范围，因此在弹出的【刀路曲面选择】对话框中不用重新定义。

图 5-16　选取工件形状

04 在【选择曲线】选项组中单击【选择】按钮，将会弹出【线框串连】对话框。利用【窗选】方式，选取所有曲线，并指定曲线上的一个点作为草图起始点，如图 5-17 所示。

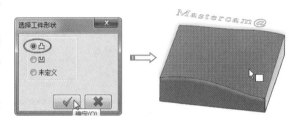

图 5-17　选择投影曲线

05 在【刀路曲面选择】对话框中单击【确定】按钮，将会弹出【曲面粗切投影】对话框。已经存在 1 把刀具，为曲面切削粗切刀具，本例是投影切削，要新建一把直径为 1 的球头铣刀刀具，如图 5-18 所示。

06 在【曲面粗切投影】对话框的【曲面参数】选项卡中设置曲面相关参数，如图 5-19 所示。

07 在【投影粗切参数】选项卡中设置投影粗切参数，如图 5-20 所示。

图 5-18 新建球刀

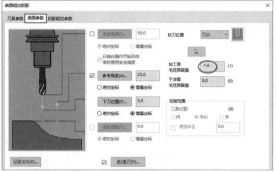

图 5-19 设置曲面参数

08 在【投影粗切参数】对话框中单击【切削深度】按钮 切削深度 ，在弹出的【切削深度设置】对话框中设定第一层切削深度和最后一层的切削深度，如图 5-21 所示。

图 5-20 设置投影粗切参数

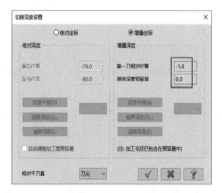

图 5-21 设置切削深度

09 在【投影粗切参数】选项卡中单击【间隙设置】按钮 间隙设置(G) ，在弹出【刀路间隙设置】对话框中设置刀路在遇到间隙时的处理方式，如图 5-22 所示。

10 单击【曲面粗切投影】对话框中的【确定】按钮 ，生成放射状粗切刀路，如图 5-23 所示。

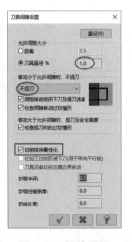

图 5-22 间隙设置

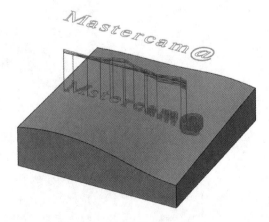

图 5-23 投影粗切刀路

3. 挖槽粗切

挖槽粗切是将工件在同一高度上进行等分后产生分层铣削的刀路，即在同一高度上完成所有的加工后再进行下一个高度的加工。它在每一层上的走刀方式与二维挖槽类似。挖槽粗切在实际粗切过程中使用频率最多，所以也称其为"万能粗切"，绝大多数的工件都可以利用挖槽来进行粗切。挖槽粗切提供了多样化的刀路、多种下刀方式，是粗切中最为重要的刀路。

● **实战案例——挖槽粗切**

对如图 5-24 所示的零件凹槽表面进行挖槽粗切，加工刀路如图 5-25 所示，具体操作步骤如下。读者可扫描右侧二维码实时观看本案例教学视频。

图 5-24　零件模型

图 5-25　挖槽加工刀路

01　打开源文件"5-3. mcam"。

02　在【铣削-刀路】选项卡的【3D】面板【粗切】组中单击【挖槽】按钮 🟫，选取零件凹槽中的所有曲面作为工件形状后将会弹出【刀路曲面选择】对话框，接着选择切削范围，如图 5-26 所示。

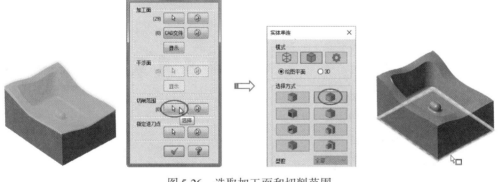

图 5-26　选取加工面和切削范围

03　单击【刀路曲面选择】对话框中的【确定】按钮 ✓，在弹出的【曲面粗切挖槽】对话框中新建一把 D12 的圆鼻铣刀，如图 5-27 所示。

04　在【曲面粗切挖槽】对话框的【曲面参数】选项卡中设置曲面相关参数，如图 5-28 所示。

05　在【曲面粗切挖槽】对话框的【粗切参数】选项卡中设置挖槽粗切参数，如图 5-29 所示。

06　在【粗切参数】选项卡中单击【切削深度】按钮 切削深度，设定第一层切削深度和最后一层的切削深度，如图 5-30 所示。

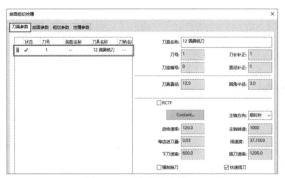
图 5-27　新建圆鼻铣刀

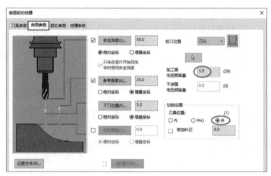
图 5-28　设置曲面参数

图 5-29　设置挖槽粗切参数

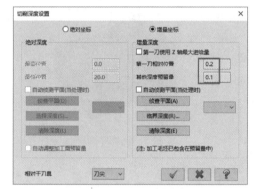
图 5-30　设置切削深度

07 单击【间隙设置】按钮 间隙设置(G)，在弹出的【刀路间隙设置】对话框中设置刀路在遇到间隙时的处理方式，如图 5-31 所示。

08 在【挖槽参数】选项卡中设置挖槽切削方式，如图 5-32 所示。

图 5-31　刀路间隙设置

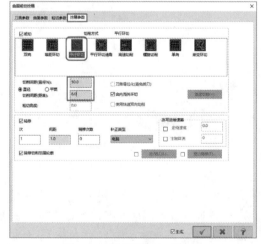
图 5-32　设置挖槽切削方式

09 单击【曲面粗切挖槽】对话框中的【确定】按钮，生成挖槽粗切刀路，如图 5-33 所示。

10 在【刀路】管理器面板中单击【毛坯设置】选项，在弹出的【机床群组属性】对话框中单击【边界盒】按钮定义毛坯。

11 单击【实体仿真】按钮 进行模拟，模拟结果如图 5-34 所示。

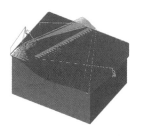

图5-33 挖槽粗切刀路

图5-34 实体加工模拟

技术要点 挖槽粗切适合凹槽形的工件和凸形工件，并提供了多种下刀方式可以选择。一般凹槽形工件采用斜插式下刀，要注意内部空间不能太小，避免下刀失败。凸形工件通常采用切削范围外下刀，这样生产刀具会更加安全。

4. 钻削粗切

钻削是使用类似钻孔的方式，快速地对工件做粗切。这种加工方式有专用刀具，刀具中心有冷却液的出水孔，以供钻削时顺利的排屑，适合比较深的工件进行加工。

● **实战案例——钻削粗切**

对如图5-35所示的零件表面进行钻削式粗切，加工刀路如图5-36所示，具体操作步骤如下。读者可扫描右侧二维码实时观看本案例教学视频。

图5-35 零件模型

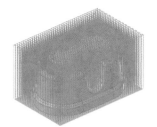

图5-36 加工刀路

技术要点 插削粗切是采用类似于钻头的专用刀具采用钻削的方式加工，用来切削深腔工件加工，需要大批量去除材料，加工效率高、去除材料快、切削量大，对机床刚性要求非常高。一般情况下不建议采用此刀轨加工。

01 打开源文件"5-4.mcam"。

02 在【铣削-刀路】选项卡的【3D】面板【粗切】组中单击【钻削】按钮，选择所有曲面作为工件形状后将会弹出【刀路曲面选择】对话框，再单击【网格】选项组的【选择】按钮，在底部平面上选取左上角下刀点和右下角下刀点，如图5-37所示。

图5-37 选取网格点

03 在弹出的【曲面粗切钻削】对话框的【刀具参数】选项卡中新建一把 D10 圆鼻铣刀，如图 5-38 所示。

04 在【曲面参数】选项卡中设置毛坯余量，如图 5-39 所示。

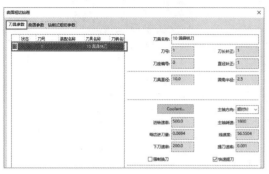

图 5-38 新建刀具

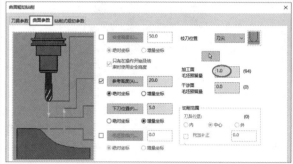

图 5-39 设置毛坯余量

05 在【钻削式粗切参数】选项卡中设置钻削式粗切参数，如图 5-40 所示。

06 在【钻削式粗切参数】选项卡中单击【切削深度】按钮 切削深度 ，将会弹出【切削深度设置】对话框。设定第一层切削深度和最后一层的切削深度，如图 5-41 所示。

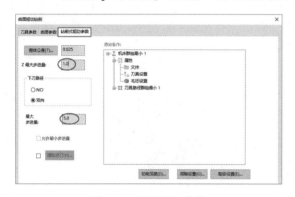

图 5-40 设置粗切参数

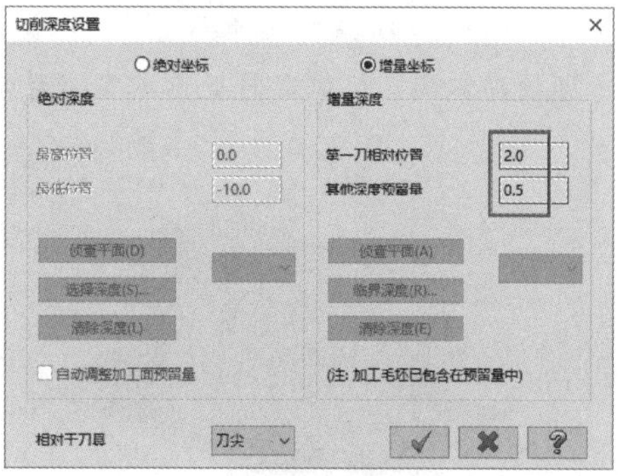

图 5-41 设置切削深度

07 参数设置完毕后，单击【确定】按钮 生成钻削式粗切刀路，如图 5-42 所示。

08 单击【实体仿真】按钮 进行模拟，模拟结果如图 5-43 所示。

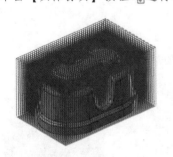

图 5-42 钻削加工刀路

图 5-43 实体模拟结果

5. 多曲面挖槽粗切

多曲面挖槽粗切是通过创建一系列的平面切削快速地去除大量毛坯，这种铣削加工方法被大量用于实际的零件粗切。

● 实战案例——多曲面挖槽粗切

对如图 5-44 所示的零件凹槽表面进行多曲面挖槽粗切，加工刀路如图 5-45 所示，具体操作步骤如下。读者可扫描右侧二维码实时观看本案例教学视频。

图 5-44　零件模型　　　　　　　　　图 5-45　挖槽加工刀路

01 打开源文件"5-5.mcam"。

02 在【铣削-刀路】选项卡的【3D】面板【粗切】组中单击【多曲面挖槽】按钮，选取零件凹槽中的所有曲面作为工件形状后将会弹出【刀路曲面选择】对话框，接着选择切削范围，如图 5-46 所示。

　对于零件中曲面数量较多的选取方法是，先框选所有曲面，然后按住〈Shift〉键反选那些不需要且数量较少的曲面，将其排除在外，这样就能快速地挖槽选取了。

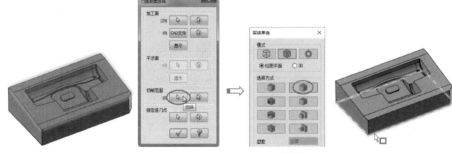

图 5-46　选取加工面和切削范围

03 单击【刀路曲面选择】对话框中的【确定】按钮 将会弹出【多曲面挖槽粗切】对话框，然后在【刀具参数】选项卡中新建一把 D6 的球形刀，如图 5-47 所示。

04 在【多曲面挖槽粗切】对话框的【曲面参数】选项卡中设置曲面铣削相关参数，如图 5-48 所示。

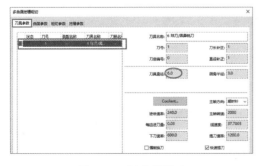

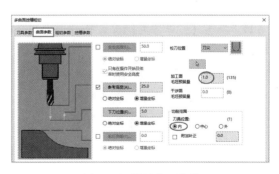

图 5-47　新建球形刀　　　　　　　　　图 5-48　设置曲面参数

05 在【粗切参数】选项卡中设置挖槽粗切参数，如图5-49所示。

06 在【粗切参数】选项卡中单击【切削深度】按钮 切削深度 ，设定第一层切削深度和最后一层的切削深度，如图5-50所示。

07 单击【间隙设置】按钮 间隙设置(G) ，在弹出的【刀路间隙设置】对话框中设置刀路在遇到间隙时的处理方式，如图5-51所示。

08 在【挖槽参数】选项卡中设置挖槽切削方式，如图5-52所示。

图 5-49 设置挖槽粗切参数

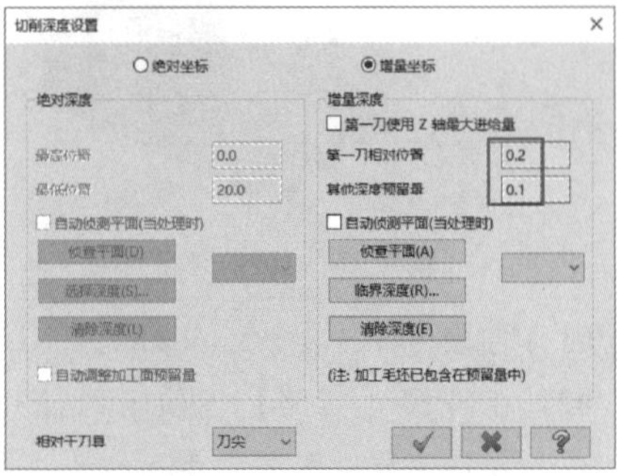

图 5-50 设置切削深度

图 5-51 刀路间隙设置

图 5-52 设置挖槽切削方式

09 单击【多曲面挖槽粗切】对话框中的【确定】按钮，生成多曲面挖槽粗切刀路，如图5-53所示。

10 在【刀路】管理器面板中单击【毛坯设置】选项，在弹出的【机床群组属性】对话框中单击【边界盒】按钮定义毛坯。

11 单击【实体仿真】按钮 进行模拟，模拟结果如图5-54所示。

图 5-53 多曲面挖槽粗切刀路

图 5-54 实体加工模拟

6. 残料粗切

残料粗切可以侦测先前曲面粗切刀路留下来的残料，并用等高加工方式铣削残料。残料粗切主要用于二次开粗。这个粗切铣削类型非常重要，适用于任何3D曲面的二次开粗。

在Mastercam 2022界面中需要将残料粗切的工具命令调出来。在功能区的空白位置单击鼠标右键，选择右键快捷菜单中的【自定义功能区】命令，将会弹出【选项】对话框。按照如图5-55所示的步骤添加命令到新建的【铣削刀路】选项卡的【新工具命令】面板中。

图5-55 自定义功能区的命令

● 实战案例——残料粗切

对如图5-56所示的凸台零件进行残料粗切（基于首次开粗后的二次开粗），残料粗切结果如图5-57所示，具体操作步骤如下。读者可扫描右侧二维码实时观看本案例教学视频。

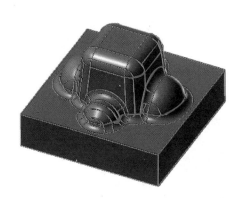

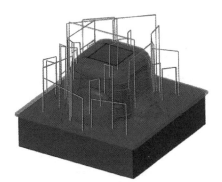

图5-56 凸台零件模型 　　图5-57 残料粗切刀路

01 打开本例源文件 "5-6.mcam"。零件模型已完成粗切，粗切刀路和实体模拟结果如图 5-58 所示。

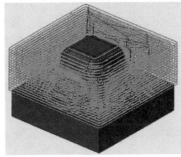

图 5-58 零件的粗切刀路和模拟结果

02 单击【残料】按钮，选取作为工件形状参考的曲面后将会弹出【刀路曲面选择】对话框。加工面已经被选取，选取定义切削范围的曲线，如图 5-59 所示。

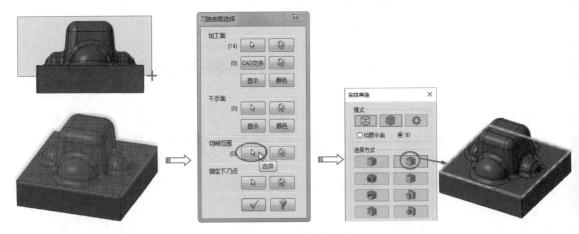

图 5-59 选取切削范围

03 在弹出的【曲面残料粗切】对话框的【刀具参数】选项卡中新建一把 D10 球刀，如图 5-60 所示。

04 在【曲面参数】选项卡中设置曲面相关参数，如图 5-61 所示。

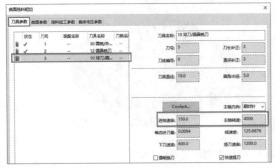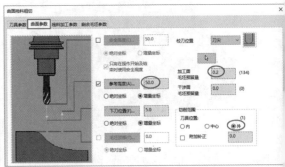

图 5-60 新建刀具并设置相关参数　　图 5-61 设置曲面参数

05 在【残料加工参数】选项卡中设置残料加工相关参数，如图 5-62 所示。

06 在【残料加工参数】对话框中单击【切削深度】按钮 切削深度 ，设定第一层切削深度和最后一层的切削深度，如图 5-63 所示。

07 在【粗切参数】对话框中单击【间隙设置】按钮 间隙设置(G) ，在弹出的【刀路间隙设置】对话框中设置刀路在遇到间隙时的处理方式，如图 5-64 所示。

08 保留【剩余毛坯参数】选项卡中的默认设置，单击【确定】按钮 ✔ 生成残料加工刀路，如图 5-65 所示。

09 单击【实体仿真】按钮进行模拟，模拟结果如图 5-66 所示。

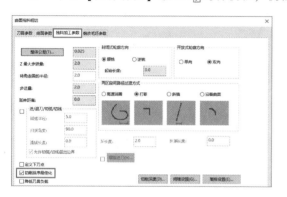

图 5-62 设置残料加工参数

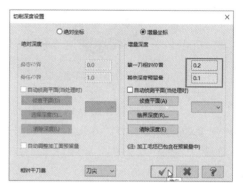

图 5-63 设置切削深度

图 5-64 间隙设置

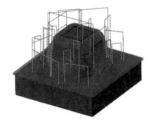

图 5-65 残料粗切刀路

图 5-66 模拟结果

技术要点 加工过程中通常采用大直径刀具进行开粗，快速去除大部分残料，再采用残料粗切进行二次开粗，对大直径刀具无法加工到的区域进行再加工，这样有利于提高效率，节约成本。

5.2.2 3D 精切铣削类型

3D 精切是在粗切完成后对零件的最终切削，其中的各项切削参数都要比粗切精细得多。本节中仅介绍几种常见的精切方式。

1. 等高精切与水平区域精切

等高精切适用于陡斜面加工，在工件上产生沿等高线分布的刀路，相当于将工件沿 Z 轴进行等分。等高外形除了可以沿 Z 轴等分外，还可以沿外形等分。

水平区域精切是用来精切凸台零件中的平面区域部分，可与等高精切结合起来完成凸台零件的陡斜面和水平面的精切加工。下面以案例来说明这两种精切类型的应用。

● 实战案例——等高精切和水平区域精切

对如图 5-67 所示的零件表面（半精切的模拟结果）进行等高半精切和水平区域精切，刀路如图 5-68 所示，具体操作步骤如下。精切之前已经完成了粗切和半精切（残料加工）。读者可扫描右侧二维码实时观看本案例教学视频。

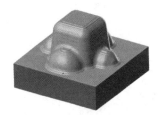
图 5-67　零件半精切后的模拟结果

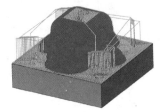
图 5-68　精切刀路

> **技术要点**　　等高外形通常做精切和半精切，主要对侧壁或者比较陡的曲面做去材料加工，不适用与浅曲面加工。刀轨在陡斜面和浅平面的加工密度不一样。曲面越陡刀轨越密，加工效果越好。

01 打开本例源文件 "5-7.mcam"。打开的零件模型已经完成了粗切和半精切。

02 在【铣削-刀路】选项卡的【3D】面板的【精切】组中单击【等高】按钮 🔲，将会弹出【高速曲面刀路-等高】对话框。

03 在【模型图形】选项设置面板的【加工图形】选项组中单击【选择图形】按钮 ⬚，然后框选选取底部平面及以上的所有面，如图 5-69 所示。

04 在【刀路控制】选项设置面板中单击【切削范围】按钮 ⬚，然后选取加工串连，如图 5-70 所示。

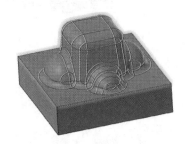
图 5-69　选取加工图形

图 5-70　选取切削范围的串连

05 在【刀具】选项选择已有的 D10 球刀作为当前加工刀具。

> **技术要点**　　在等高精切加工中，系统会自动识别毛坯余量，不用用户指定毛坯。

06 在【切削参数】选项设置面板中设置【下切】的参数为 0.05，其余参数即选项保留默认。

07 在【共同参数】选项设置面板中定义共同参数，如图 5-71 所示。

08 在【平面】选项设置面板中设置工作坐标系、刀具平面和绘图平面均为【俯视图】，如图 5-72 所示。

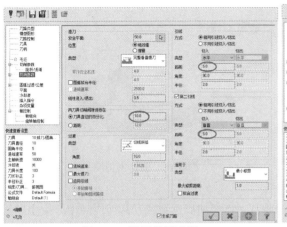

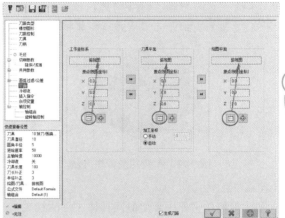

图 5-71　设置共同参数　　　　　　　　　图 5-72　设置平面参数

09 单击对话框中的【确定】按钮 生成等高精切刀路，如图 5-73 所示。

10 精切顶部和底部的两个平面。单击【水平区域】按钮 ，将会弹出【3D 高速曲面刀路-水平区域】对话框。

11 在【模型图形】选项设置面板的【加工图形】选项组中单击【选择图形】按钮 ，然后选取顶部和底部的两个平面，如图 5-74 所示。

> **技术要点**　在平面区域精切加工中，系统会自动识别所选加工平面的边界为切削范围，千万不要在【刀路控制】中再重新去选择切削范围的边界串连。否则系统不予识别，无法生产加工刀路。

图 5-73　加工刀路　　　　　　　　　　　图 5-74　选取加工平面

12 在【刀具】选项设置面板中选择已有的 D12 圆鼻铣刀作为当前加工刀具，如图 5-75 所示。

13 在【切削参数】选项设置面板中设置切削参数，如图 5-76 所示。

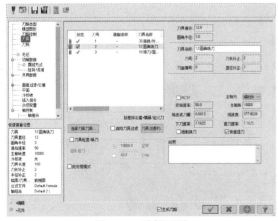

图 5-75　选择刀具　　　　　　　　　　　图 5-76　设置切削参数

14 单击对话框中的【确定】按钮 ✔ 生成平面区域精切刀路，如图 5-77 所示。

15 对所有的加工刀路进行实体模拟，模拟效果如图 5-78 所示。

图 5-77 平面其余精切刀路　　　　　　　　　　　　　　图 5-78 实体模拟结果

2. 放射精切

放射精切主要用于类似回转体工件的加工，产生从一点向四周发散或者从四周向中心集中的精切刀路。值得注意的是此刀路边缘加工效果不太好，但中心加工效果比较好。

● **实战案例——放射精切**

对如图 5-79 所示的花瓣形曲面进行放射精切加工，加工刀路如图 5-80 所示，具体操作步骤读者可扫描右侧二维码实时观看本案例教学视频。

图 5-79 花瓣形曲面　　　　　　　　　　　　图 5-80 放射精切刀路

> **技术要点**　放射精切产生径向发散式刀轨，适用于具有放射状表面的加工，由于放射精切存在中心密四周梳的特点，因此一般工件都不适合采用此加工方式，较少使用在特殊形状的工件上。

01 打开源文件"5-8. mcam"。

02 单击【铣削-刀路】选项卡的【3D】面板的【精切】组中的【放射】按钮 🍩，将会弹出【高速曲面刀路-放射】对话框。在【模型图形】选项设置面板的【加工图形】选项组中单击【选择图形】按钮 🖱，然后选取所有曲面，如图 5-81 所示。

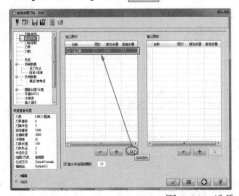

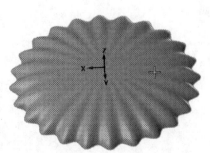

图 5-81 选取加工图形

03 在【刀路控制】选项设置面板中单击【切削范围】选项组中的【边界范围】按钮，然后选取曲面边缘曲线作为切削范围，如图5-82所示。

04 在【刀具】选项设置面板中新建D6的球刀，如图5-83所示。

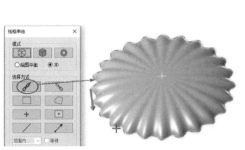

图5-82　选择切削边界　　　　　　　　　　图5-83　新建刀具

05 在【切削参数】选项设置面板中设置切削参数，如图5-84所示。

06 在【陡斜/浅滩】选项设置面板中设置陡斜参数，如图5-85所示。

图5-84　设置切削参数

图5-85　设置陡斜参数

07 在【共同参数】选项设置面板中设置共同参数，如图5-86所示。

08 单击【3D高速曲面刀路-放射】对话框中的【确定】按钮，生成放射状精切刀路，如图5-87所示。

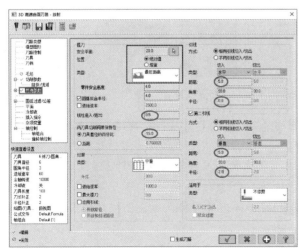

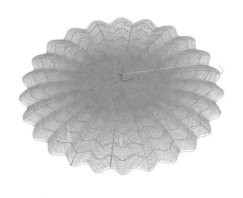

图5-86　设置共同参数

图5-87　生成的刀路

3. 曲面流线精切

曲面流线精切是沿着曲面的流线产生相互平行的刀路，选择的曲面最好不要相交，且流线方向相同，刀路不产生冲突，才可以产生流线精切刀路。曲面流线方向一般有两个方向，且两方向相互垂直，所以流线精切刀路也有两个方向，可产生曲面引导方向或截断方向加工刀路。

> **技术要点** 曲面流线加工主要用于单个流线特征比较规律的曲面精切，对于曲面比较复杂比较多时此刀轨并不适合。

● **实战案例——曲面流线精切**

对如图 5-88 所示的零件表面采用曲面流线精切，生成的精切刀路如图 5-89 所示，具体操作步骤如下。读者可扫描右侧二维码实时观看本案例教学视频。

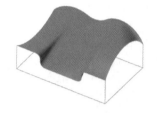
图 5-88 零件模型

图 5-89 流线加工加工

01 打开本例源文件 "5-9. mcam"。打开的模型中已经完成曲面粗切刀路的创建。

02 单击【铣削-刀路】选项卡的【3D】面板【精切】组中的【流线】按钮，选取加工曲面后将会弹出【刀路曲面选择】对话框。单击【刀路曲面选择】对话框中的【流线参数】按钮，在弹出的【曲面流线设置】对话框中保留默认的曲面流线设置，单击【确定】按钮完成设置，如图 5-90 所示。

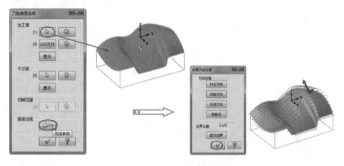
图 5-90 选取加工面和曲面流线设置

03 在弹出的【曲面精修流线】对话框的【刀具参数】选项卡中新建一把直径为 10 的球头铣刀，如图 5-91 所示。

04 在【曲面精修流线】对话框的【曲面流线精修参数】选项卡中设置流线精切专用参数，如图 5-92 所示。

05 单击【间隙设置】按钮，将会弹出【刀路间隙设置】对话框，该对话框用来设置间隙的控制方式，如图 5-93 所示。

06 根据用户所设置的精修参数生成流线精切刀路，如图 5-94 所示。

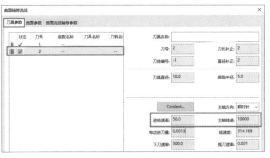

图 5-91　新建刀具

图 5-92　设置曲面流线精切参数

图 5-93　刀路间隙设置

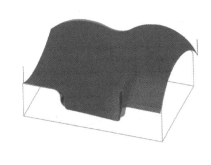

图 5-94　生成流线刀路

07 单击【实体仿真】按钮 进行实
　　体模拟，结果如图 5-95 所示。

4. 清角精切（3D 清根加工）

清角精切（也称"3D 清根加工"）是
对先前的粗切操作或大直径刀具所留下来
的残料进行清除加工，一次生成一层刀轨。

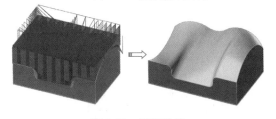

图 5-95　模拟结果

● **实战案例——清角精切**

　　将如图 5-96 所示零件的凹槽角落进行残料清角精切，生成的清根刀路如图 5-97 所示，具体
操作步骤如下。读者可扫描右侧二维码实时观看本案例教学视频。

图 5-96　零件模型

图 5-97　残料清角加工结果

技术要点　　残料清角精切通常是对角落处由于刀具过大无法加工到位的部位采用小直径刀具进行清残料加工，残料清角精切通常需要设置先前的参考刀具直径，通过计算此直径留下来的残料来产生刀轨。

01 打开本例源文件"5-10. mcam"。

02 在【3D】面板的【精切】组中单击【清角】按钮 ，将会弹出【3D高速曲面刀路-清角】对话框。在【模型图形】选项设置面板的【加工图形】选项组中单击【选择图素】按钮 ，然后选取零件凹槽中的所有曲面作为加工曲面，如图5-98所示。

03 在【刀路控制】选项设置面板中单击【切削范围】选项组中的【边界范围】按钮 ，然后选取切削范围的串连，如图5-99所示。

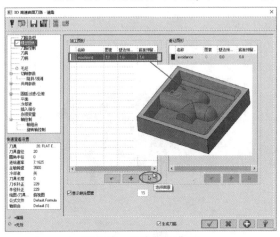

图5-98　选取加工曲面

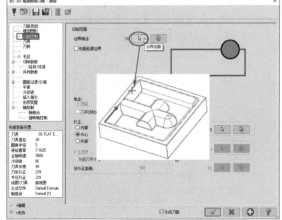

图5-99　选取边界串联

04 在【刀具】选项设置面板中新建直径为10、底面圆角半径为1的圆鼻铣刀，如图5-100所示。

05 在【共同参数】选项卡中设置共同参数，如图5-101所示。

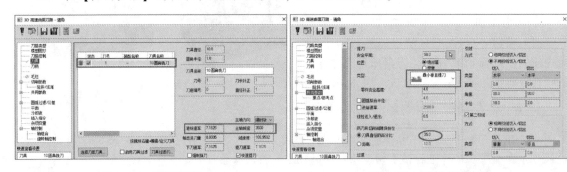

图5-100　新建刀具　　　　　　　　　　图5-101　设置共同参数

06 根据所设置的曲面精修清角参数，生成清角精切刀路，如图5-102所示。

5. 等距环绕精切

等距环绕精切可在零件上的多个曲面之间进行环绕式精铣切削，且刀路呈等距排列，能产生首尾一致的表面粗糙度，抬刀次数少，因而取得非常好的加工效果。

图5-102　生成的清角刀路

技术要点 等距环绕精切在曲面上产生等间距排列的刀轨，通常作为最后刀轨对模型进行最后的精切。加工的精度非常高，只是刀轨非常大，计算时间长。

实战案例——等距环绕精切

对如图 5-103 所示的零件表面进行等距环绕精切，加工刀路如图 5-104 所示，具体操作步骤如下。读者可扫描右侧二维码实时观看本案例教学视频。

图 5-103 零件模型

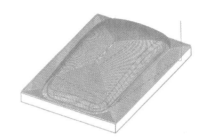

图 5-104 加工刀路

01 打开本例源文件 "5-11. mcam"。

02 在【3D】面板中单击【等距环绕】按钮 ，将会弹出【3D高速曲面刀路-环绕】对话框。

03 在【模型图形】选项设置面板中单击【选择图素】按钮 ，然后选取加工图形，如图5-105 所示。

04 在【刀路控制】选项设置面板中单击【边界范围】按钮 切削范围的串连，如图 5-106 所示。

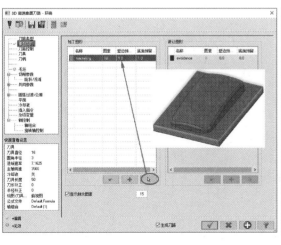

图 5-105 选取加工图形 　　　　图 5-106 选取切削范围串连

05 在【刀具】选项设置面板中新建 D6 球头刀，如图 5-107 所示。

06 在【切削参数】选项设置面板中设置切削参数，如图 5-108 所示。

图 5-107　新建刀具　　　　　　　　　图 5-108　设置曲面参数

07 单击【3D 高速曲面刀路-环绕】对话框中的【确定】按钮，生成等距环绕精切刀路，如图 5-109 所示。

6. 熔接精切

熔接精切是在两条曲线（其中一条曲线可以用点替代）之间产生刀路，并将产生的刀路投影到曲面上形成熔接精切，它是投影精切的特殊形式。

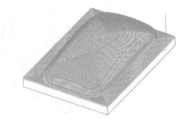

图 5-109　生成等距环绕精切刀路

实战案例——熔接精切

对如图 5-110 所示的零件表面进行熔接精切加工，加工刀路如图 5-111 所示，具体操作步骤如下。读者可扫描右侧二维码实时观看本案例教学视频。

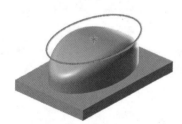

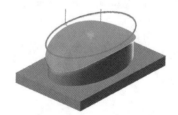

图 5-110　零件模型　　　　　　　　图 5-111　熔接精切刀路

01 打开本例源文件 "5-12. mcam"。

02 在【3D】面板的【精切】组中单击【熔接】按钮，将会弹出【3D 高速曲面刀路-熔接】对话框。在【模型图形】选项设置面板中单击【选择图素】按钮，然后选择整个零件的所有曲面作为加工图形，如图 5-112 所示。

03 在【刀路控制】选项设置面板的【曲线】组中单击【选择】按钮，然后选取熔接曲线的串连（点和曲线），如图 5-113 所示。

 技术要点　这里不用再设置切削范围了，因为两条熔接曲线中的其中一条曲线就是切削范围。

04 在【刀具】选项设置面板中新建直径为 10 的球形刀，如图 5-114 所示。

05 在【切削参数】选项卡中设置相关切削参数，如图 5-115 所示。

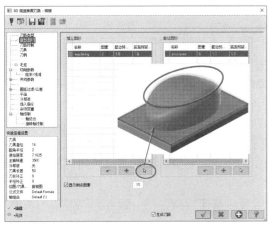

图 5-112 选取加工图形

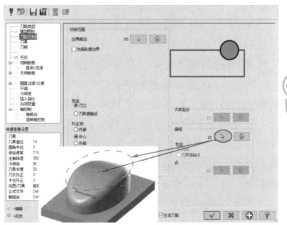

图 5-113 选取熔接曲线串连

图 5-114 新建刀具

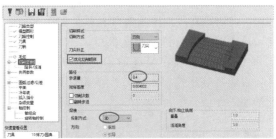

图 5-115 设置切削参数

06 在【共同参数】选项卡中设置熔接精切参数，如图 5-116 所示。

07 单击【3D高速曲面刀路-熔接】对话框中的【确定】按钮，生成熔接精切刀路，如图 5-117 所示。

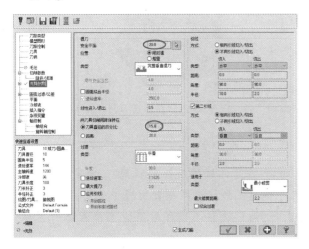

图 5-116 设置熔接精切参数

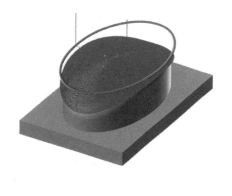

图 5-117 生成的熔接精切刀路

5.3 3D 曲面高速铣削类型

3D曲面高速铣削是一种加工策略，是专门设计用于在加工表面模型或实体面时产生最平滑、最有效的刀具运动。在 Mastercam 中主要使用如下两种技术来实现这一点。

- 每个切削刀路都可以配置先进的圆角和刀具路径细化技术，以减少拐角、锐角和其他不连续性的影响。这些参数有助于保持刀具上的恒定负载、减少加工时间并提高加工表面质量。
- 先进的链接工具可优化每一步切削路径以及每个切削刀路的导入/导出。

此外，3D 曲面高速铣削扩展了 Mastercam 的过切检查功能，可自定义刀柄形状并将其保存在刀柄库中。3D 曲面高速铣削支持粗切和精切操作。

高速刀路和其他刀路之间的另一个区别是高速刀路会使用默认值。大多数刀路从 mcam-defaults 文件中读取每种操作类型的默认值。高速刀路根据所选刀具动态计算默认值。每当为铣削操作选择新刀具时，Mastercam 都会更新刀具路径参数。最重要的一点就是刀具可在不同轴向切削层创建多个刀路，并在每个轴向切削层创建多个轮廓。

在常规的粗加工中，刀具主轴转速都是低于精切（高速切削）的。因此，能够使用高速切削的粗切铣削类型只有区域粗切和优化动态粗切。

1. 区域粗切

使用区域粗切可加工凸台和型芯、型腔和凹槽，或清除其他工序的残留材料，如图 5-118 所示。区域粗切与挖槽粗铣都可用于零件的开粗和二次开粗，但在最终的刀路精细化方面，区域粗切要好于挖槽粗切。挖槽粗切属于传统型的加工方法。

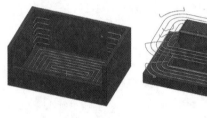

图 5-118　凹槽和凸台的区域粗切刀路

● **实战案例——区域粗切**

对如图 5-119 所示的凸台零件进行区域粗切，区域粗切刀路如图 5-120 所示，具体操作步骤如下。读者可扫描右侧二维码实时观看本案例教学视频。

图 5-119　凸台零件模型

图 5-120　残料粗切刀路

01 打开本例源文件 "5-13. mcam"。

02 在【3D】面板的【粗切】选项组中单击【区域粗切】按钮 🔲，将会弹出【3D 高速曲面刀路-区域粗切】对话框。在【模型图形】选项设置面板中单击【加工图形】选项组中的【选择图素】按钮 ▯，然后框选整个零件模型的面作为加工图形，如图 5-121 所示。

03 在【刀路控制】选项设置面板中单击【切削范围】选项组中的【边界范围】按钮 ▯，加工面已经被选取，选取定义切削范围的曲线，如图 5-122 所示。

04 在【刀具】选项设置面板中创建一把 D12 的圆鼻铣刀，如图 5-123 所示。

05 在【切削参数】选项设置面板中设置切削参数，如图 5-124 所示。

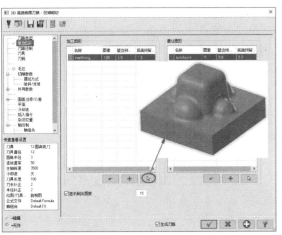

图 5-121　选取加工图形

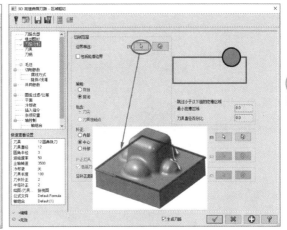

图 5-122　选取切削范围

> **技术要点**　　　　在【切削参数】设置面板中勾选【添加切削】复选框很重要，这个选项可以在深度分层切削（即轴向分层切削）中添加新的切削，能够精细化刀路，使原本比较粗糙的粗切刀路变得更加精细。

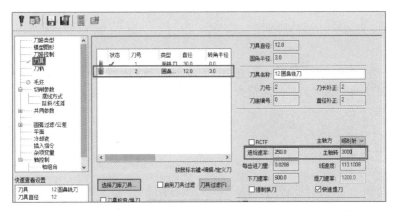

图 5-123　新建刀具

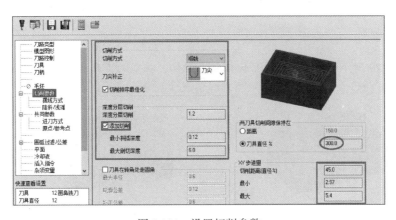

图 5-124　设置切削参数

06 保留其他参数及选项的默认设置，单击【确定】按钮 生成区域粗切加工刀路，如图5-125所示。图5-126所示为利用【挖槽】铣削方法加工此零件的刀路图，看看两者之间的差别。

图5-125　区域粗切刀路　　　　　　　　　图5-126　挖槽粗切刀路

07 单击【实体仿真】按钮 ![]，模拟区域粗切的刀路，结果如图5-127所示。图5-128所示为挖槽粗切的实体模拟结果，通过比较，发现区域粗切的实际加工效果远大于挖槽粗切。区域粗切基本上能达到二次开粗的效果。

图5-127　区域粗切的模拟效果　　　　　　　图5-128　挖槽粗切的模拟效果

2. 优化动态粗切

动态刀路是一种特殊的刀具路径，它充分利用切削刀具的整个刃长来实现更高的加工效率。动态刀路旨在最大限度地去除材料，同时最大限度地减少刀具磨损。动态刀路的优势在于如下几点。

- 避免刀具断刀。
- 有效降低刀具温度。
- 能更好地排屑。
- 可延长刀具寿命。

优化动态粗切铣削类型比较适合切削非常大且较深的凹槽或凸台零件。它使用基于2D高速动态铣削的运积极、快速、智能的粗加工算法。

优化动态粗切的单个刀路可以在两个方向上切削材料，这种高效的双向切削策略以最少的步骤去除最大量的材料，显著缩短了循环时间。

● **实战案例——优化动态粗切**

对如图5-129所示的凹槽零件进行优化动态粗切，生成的刀路如图5-130所示，具体操作步骤如下。读者可扫描右侧二维码实时观看本案例教学视频。

图5-129　凸台零件模型　　　　　　　　　图5-130　残料粗切刀路

01 打开本例源文件"5-14. mcam"。

02 打开【铣床-刀路】选项卡。在【3D】面板的【粗切】选项组中单击【优化动态粗铣】按钮，将会弹出【3D高速曲面刀路-优化动态粗切】对话框。

03 在【模型图形】选项设置面板中单击【加工图形】选项组中的【选择图素】按钮，然后框选整个零件模型的面作为加工图形，如图5-131所示。

04 在【刀具】选项设置面板中创建一把D30的圆鼻铣刀，刀具刃长50、总长度200、底面圆角半径为5，如图5-132所示。

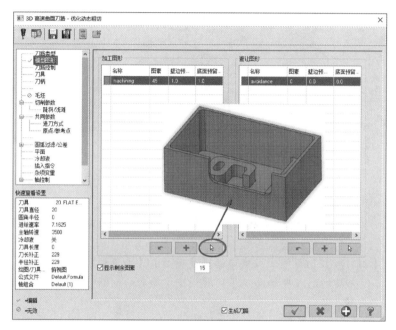

图5-131 选取加工图形

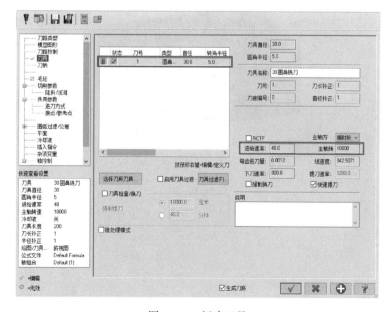

图5-132 新建刀具

05 在【切削参数】选项设置面板中设置切削参数，如图 5-133 所示。

06 保留其他参数及选项的默认设置，单击【确定】按钮 ✔ 生成优化动态粗切加工刀路，如图 5-134 所示。

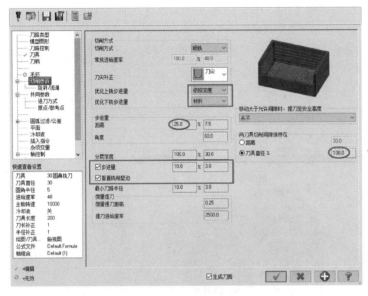

图 5-133 设置切削参数   图 5-134 优化动态粗切刀路

> **技术要点** 在【切削参数】设置面板中勾选【步进量】【垂直铣削壁边】等复选框也很重要，可以在深度分层切削（即轴向分层切削）中添加新的切削，以及精细化侧壁加工刀路。

07 单击【实体仿真】按钮，模拟区域粗切的刀路，结果如图 5-135 所示。由此可见，优化动态粗切可以同时完成零件的粗加工和半精加工刀路。

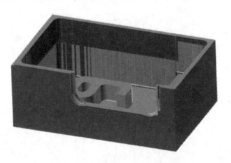

图 5-135 优化动态粗切的模拟效果

第6章 多轴铣削加工案例解析

本章导读 《《

多轴加工也称变轴加工，是在切削加工中，加工轴方向和位置在不断变化的一种加工方式。本章主要讲解多轴各种形式的加工参数和编程方法，读者可以通过这些实例的讲解从而了解多轴加工概念，掌握多轴加工方法。

6.1 多轴铣削加工概述

随着机床等基础制造技术的发展，多轴（3轴及3轴以上）机床在生产制造过程中的使用越来越广泛。尤其是针对某些复杂曲面或者精度非常高的机械产品，加工中心的大面积覆盖将多轴的加工推广得越来越普遍。

现代制造业所面对的经常是具有复杂型腔的高精度模具制造和复杂型面产品的外形加工，其共同特点是以复杂三维型面为结构主体，整体结构紧凑，制造精度要求高，加工成型难度极大。适用于多轴加工的零件如图6-1所示。

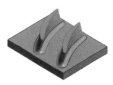

图6-1 适用于可变轴曲面轮廓铣削加工的零件

6.1.1 多轴加工机床

传统的3轴加工机床只有正交的 X、Y、Z 轴，则刀具只能沿着此3轴做线性平移，使加工工件的几何形状有所限制。因此，必须增加机床的轴数来获得加工的自由度，即 A、B 和 C 轴3个旋转轴。但是一般情况下只需两个旋转轴便能加工出复杂的型面。

增加机床的轴数来获得加工的自由度，最典型的就是增加两个旋转轴，成为5轴加工机床（增加一个轴便是4轴加工中心，这里针对5轴的来说明多轴加工的能力和特点）。5轴加工机床在 X、Y、Z 正交的3轴驱动系统内，另外加装倾斜的和旋转的双轴旋转系统，在其中的 X、Y、Z 轴决定刀具的位置，两个旋转轴决定刀具的方向。如图6-2所示为普通5轴数控机床加工零件的情况。

图6-3所示为近年来国内某厂家开发的新型5轴并联数控加床。

图6-2 5轴数控机床的零件加工　　　　　图6-3 5轴并联数控机床

并联机床又称虚拟轴机床，是近年来世界上逐渐兴起的一种新型结构机床，它能实现5坐标联动，被称为21世纪的新型加工设备，被誉为是"机床机构的重大革命"。它与传统机床相比，具有结构简单，机械制造成本低，功能灵活性强，结构刚度好，积累误差小，动态性能好，标准化程度高，易于组织生产等一系列优点，与进口的同类机床相比，具有明显的性能价格比优势。

6.1.2 多轴加工的特点

多轴数控加工的特点如下。

● 加工多个斜角、倒钩时，利用旋转轴直接旋转工件，可降低夹具的数量，并可以省去校正的时间，如图6-4所示。

● 利用多轴加工方式及刀轴角度的变化，并避免静电摩擦，以延长刀具寿命，如图6-5所示。

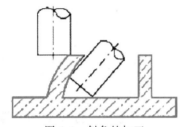

图6-4　斜角的加工

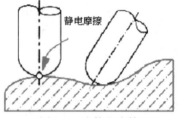

图6-5　防静电摩擦

● 使用侧刃切销，减少加工道次，获得最佳质量、提升加工效能，如图6-6所示。

● 当倾斜角很大时，可降低工件的变形量，如图6-7所示。

图6-6　使用侧刃切销

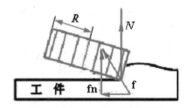

图6-7　降低工件的变形量

● 减少使用各类成型刀，通常以一般的刀具完成加工。

● 通常在进行多轴曲面铣削规划时，以几何加工方面误差来说，路径间距、刀具进给量和过切等三大主要影响因素。

在参数化加工程序中，通常是凭借刀具接触点的数据，来决定刀具位置及刀轴方向，而曲面上刀具接触数据点最好可以在加工的允许误差范围内随曲面曲率做动态调整，也就是路径间距和刀具进给量可以随着曲面的平坦或是陡峭来做不同疏密程度的调整。这些都能在 Mastercam 的多轴加工中充分体现。

6.2 基本模型的多轴加工类型

Mastercam 2022 的多轴加工工具在【铣削-刀路】选项卡的【多轴加工】面板中，包括【基本模型】和【扩展应用】两大类加工类型，如图6-8所示。

6.2.1 曲线多轴加工

曲线多轴加工主要是用于加工 3D 曲线或曲面边缘，可以加工各种图案、文字和曲线，如图6-9所示。

曲线多轴加工主要是对曲面上的 3D 曲线进行变轴加工，刀具中心沿曲线走刀，因此曲线多轴加工的补正类型需要关闭。刀具轴向控制一般是垂直于所加工的曲面。

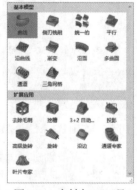

图6-8　多轴加工工具

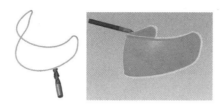

图 6-9　加工曲线或曲面

● 实战案例——曲线多轴加工

对如图 6-10 所示的零件中圆角曲面进行曲线多轴加工，生成的刀路如图 6-11 所示，具体操作步骤如下。读者可扫描右侧二维码实时观看本案例教学视频。

图 6-10　零件模型

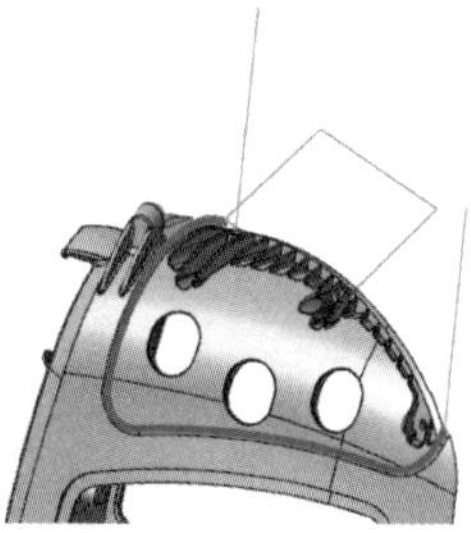

图 6-11　加工刀路

01 打开本例源文件"6-1.mcam"。

02 在【多轴加工】面板中单击【曲线】按钮 ，将会弹出【多轴刀路-曲线】对话框。

03 在【刀具】选项设置面板中新建一把 D4 球刀，如图 6-12 所示。

04 在【切削方式】选项设置面板中单击【选择】按钮 ，选择模型中已有的参考曲线，然后在【切削方式】选项设置面板中设置其他切削参数，如图 6-13 所示。

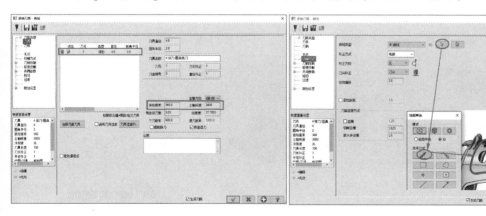

图 6-12　新建刀具

图 6-13　设置切削方式

05 在【刀轴控制】选项设置面板中单击【选择】按钮 ，然后选取矩形的两条边来确定一个控制平面，【刀轴控制】选项设置面板中的其他参数保留默认，如图 6-14 所示。

06 在【共同参数】选项设置面板中设置安全高度及参考高度等参数，如图 6-15 所示。

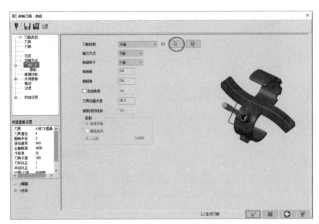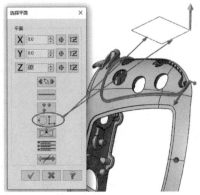

图 6-14　设置刀轴控制参数

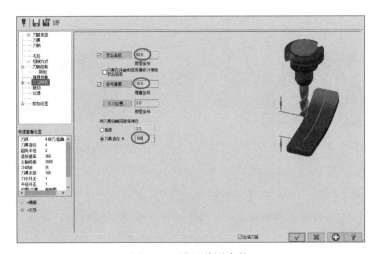

图 6-15　设置共同参数

07 在【粗切】选项设置面板中设置粗加工深度分层和外形分层参数，如图 6-16 所示。

08 单击【确定】按钮 生成曲线多轴刀路，如图 6-17 所示。

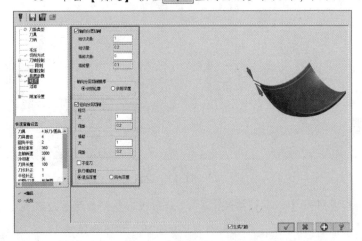

图 6-16　设置粗加工参数　　　　　图 6-17　生成曲线多轴刀路

6.2.2　侧刃铣削多轴加工

侧刃铣削多轴加工是利用刀具的侧刃部分来铣削零件侧壁的一种加工方式。加工时，刀具侧刃始终与零件侧壁表面贴合，并根据侧壁形状来计算刀具最佳接触角度，以及检测与选定表面的碰撞情况。侧刃铣削多轴加工可以用 3 轴、4 轴或 5 轴数控系统进行加工，也可以用作 3 轴的轮廓铣削刀路的创建。图 6-18 所示为侧刃铣削多轴加工的适用对象。

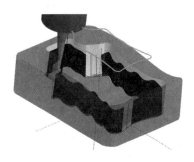

图 6-18　适用侧刃铣削多轴加工的零件

● 实战案例——侧刃铣削多轴加工

对如图 6-19 所示的叶片侧壁面进行侧刃铣削多轴加工，生成的刀路如图 6-20 所示，具体操作步骤如下。读者可扫描右侧二维码实时观看本案例教学视频。

图 6-19　叶片零件

图 6-20　加工刀路

01　打开本例源文件"6-2. mcam"。

02　在【多轴加工】面板中单击【侧刃铣削】按钮 ，将会弹出【多轴刀路-侧刃铣削】对话框。

03　在【刀具】选项设置面板中新建一把 D5 球刀，如图 6-21 所示。

04　在【切削方式】选项设置面板中单击【沿边几何图形】选项右侧的【选择】按钮 ，选择叶片零件的侧壁面（2 个），如图 6-22 所示。

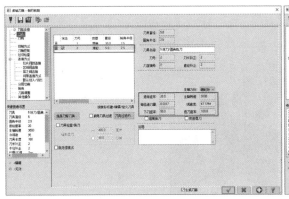
图 6-21　新建刀具

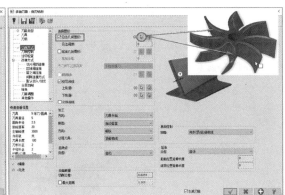
图 6-22　设置切削方式

05 在【切削方式】选项设置面板的【引导曲线】选项组中先后单击"上轨道"的【选择】按钮⬛和"下轨道"的【选择】按钮⬛，选取模型中的上下边线作为引导曲线，并设置其他选项与参数，如图6-23所示。

06 在【刀轴控制】选项设置面板中勾选【尽量减少旋转轴的变化】复选框，以此可以优化刀路，如图6-24所示。

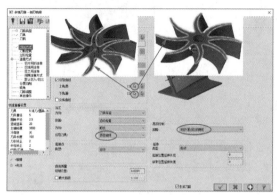
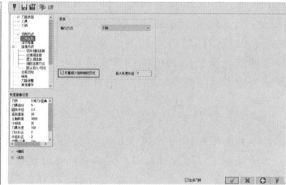

图6-23　选取引导曲线　　　　　　　　　　图6-24　设置刀轴控制

07 在【分层切削】选项设置面板中设置分层切削参数，如图6-25所示。

08 单击【确定】按钮✓生成侧刃铣削多轴刀路，如图6-26所示。

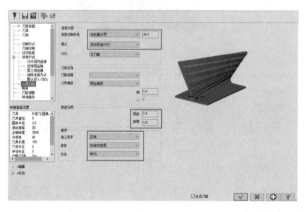

图6-25　设置分层切削参数　　　　　　　　图6-26　生成侧刃选项多轴刀路

6.2.3 平行多轴加工

平行多轴加工方式可以创建平行于所选曲线、曲面或与指定角度对齐的多轴加工刀路，如图6-27所示。

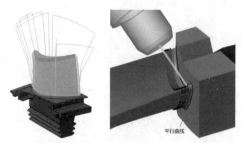

图6-27　平行多轴加工的零件和刀路

实战案例——平行多轴加工

对如图 6-28 所示的零件表面进行平行多轴加工，生成的刀路如图 6-29 所示，具体操作步骤如下。读者可扫描右侧二维码实时观看本案例教学视频。

图 6-28　零件模型

图 6-29　加工刀路

01 打开本例源文件"6-3. mcam"。

02 在【多轴加工】面板中单击【平行】按钮💠，将会弹出【多轴刀路-平行】对话框。

03 在【刀具】选项设置面板中新建一把 D5 球刀。

04 在【切削方式】选项设置面板中选中【平行到】选项组的【曲面】单选按钮，再单击【选择】按钮🖗，选择与刀路平行的曲面，如图 6-30 所示。

05 在【加工面】选项组中单击【加工几何图形】右侧的【选择】按钮🖗，选择加工几何图形，如图 6-31 所示。

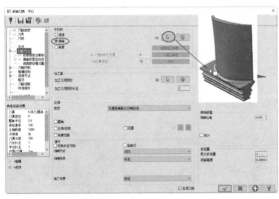

图 6-30　选择平行曲面

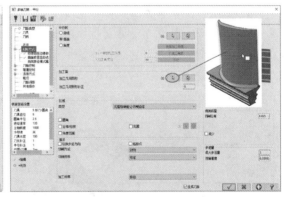

图 6-31　选择加工图形

06 对话框中其他选项设置面板中的选项保留默认设置，单击【确定】按钮✔生成平行多轴刀路，如图 6-32 所示。

6.2.4　沿曲线多轴加工

沿曲线多轴加工可以创建沿所选引导曲线正交的刀路，引导曲线不能是直线，加工完成后刀路两端的切口彼此不平行，两相邻切口之间的距离就是最大步距，如图 6-33 所示。

图 6-32　生成平行多轴刀路

图 6-33 沿曲线多轴加工的范例

● 实战案例——沿曲线多轴加工

对如图 6-34 所示的零件表面沿曲线多轴加工，生成的刀路如图 6-35 所示，具体操作步骤如下。读者可扫描右侧二维码实时观看本案例教学视频。

图 6-34 零件模型

图 6-35 加工刀路

07 打开本例源文件 "6-4. mcam"。

08 在【多轴加工】面板中单击【沿曲线】按钮，将会弹出【多轴刀路-沿曲线】对话框。

09 在【刀具】选项设置面板中新建一把 D12 球刀。

10 在【切削方式】选项设置面板中单击【引线】选项的【选择】按钮，选择引线，如图 6-36 所示。

11 单击【加工几何图形】右侧的【选择】按钮，选择加工几何图形，如图 6-37 所示。

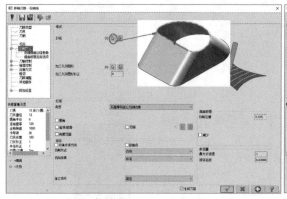

图 6-36 选择引线

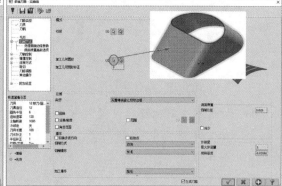

图 6-37 选择加工图形

12 【多轴刀路-沿曲线】对话框中其他选项设置面板中的选项保留默认设置，最后单击【确定】按钮，生成沿曲线多轴刀路，如图 6-38 所示。

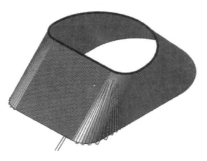

图 6-38　生成沿曲线多轴刀路

6.2.5　渐变多轴加工

渐变多轴加工是在两条引导曲线之间创建渐变扩展的刀路，如图 6-39 所示。

图 6-39　渐变刀路

"平行""沿曲线"和"渐变"三种多轴铣削加工方法看起来十分相似，其实每一种加工方法都会以不同的方式进行加工，区别在于如下几点。

- 平行：从一个形状或平面偏移切削刀路。
- 沿曲线：创建垂直于驱动曲线的切削刀路。
- 渐变：将切削刀路从一种形状渐变混合到另一种形状。

● 实战案例——渐变多轴加工

对如图 6-40 所示的零件中间部分表面进行渐变多轴加工，生成的刀路如图 6-41 所示，具体操作步骤如下。读者可扫描右侧二维码实时观看本案例教学视频。

图 6-40　零件模型　　　　　　　　　图 6-41　加工刀路

01　打开本例源文件"6-5. mcam"。

02　在【多轴加工】面板中单击【渐变】按钮 ，将会弹出【多轴刀路-渐变】对话框。

03　在【刀具】选项设置面板中新建一把 D8 球刀。

04　在【切削方式】选项设置面板的【从模型】选项组中单击【曲线】选项右侧的【选择】按钮 ，选择引线，如图 6-42 所示。

05 在【切削方式】选项设置面板的【到模型】选项组中单击【模型图形】选项右侧的【选择】按钮 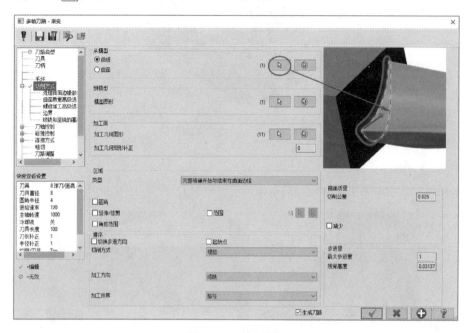，选择加工图形，如图6-43所示。

图6-42 选择引线

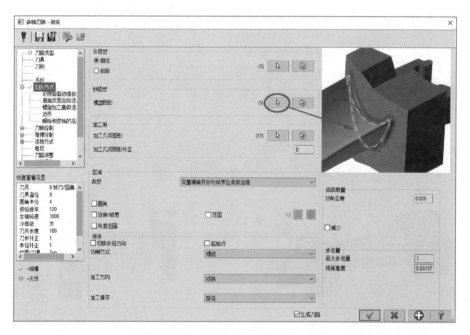

图6-43 选择加工图形

06 单击【加工几何图形】右侧的【选择】按钮，选择加工几何图形，如图6-44所示。

07 【多轴刀路-沿曲线】对话框中其他选项设置面板中的选项保留默认设置，单击【确定】按钮 生成渐变多轴刀路，如图6-45所示。

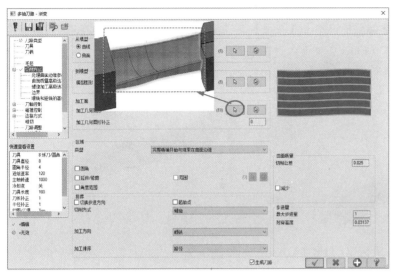

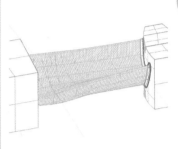

图 6-44　选择加工几何图形　　　　　　图 6-45　生成渐变多轴刀路

6.2.6 沿面多轴加工

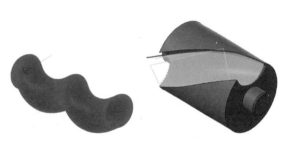

沿面多轴加工是沿着选定几何体的 UV 线来创建流线型刀路，如图 6-46 所示。沿面多轴加工即是流线多轴加工，是 Mastercam 优先开发的比较优秀的多轴加工刀路，比其他的 CAM 都要早。沿面多轴加工与 3 轴的流线加工操作基本上类似，但是由于切削方向可以调整，刀具的轴向可以控制，切削的前角和后角都可以改变，因此，沿面多轴加工的适应性大大提高，加工质量也非常好，是实际中应用较多的多轴加工方法。

图 6-46　沿面多轴加工刀路

沿面多轴加工即是 5 轴流线加工，参数与 3 轴曲面流线加工类似，对于曲面流线比较规律的单曲面多轴加工效果比较好。

● 实战案例——沿面多轴加工

对如图 6-47 所示的零件曲面进行沿面多轴加工，生成的刀路如图 6-48 所示，具体操作步骤如下。读者可扫描右侧二维码实时观看本案例教学视频。

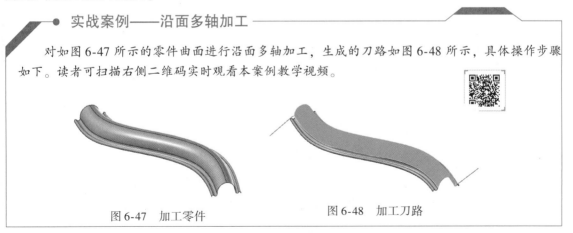

图 6-47　加工零件　　　　　　　　图 6-48　加工刀路

01 打开本例源文件"6-6. mcam"。

02 在【多轴加工】面板中单击【沿面】按钮，将会弹出【多轴刀路-沿面】对话框。

03 在【刀具】选项设置面板中新建 D6 的球刀。

04 在【切削方式】选项设置面板中单击【曲面】选项右侧的【选择】按钮 ⬚，然后选择要加工的曲面，选取后按〈Enter〉键确认。在弹出的【曲面流线设置】对话框中单击【切削方向】按钮，修正流线方向，如图 6-49 所示。

图 6-49　选取加工曲面和曲面流线设置

05 在【切削方式】选项设置面板设置其他参数，如图 6-50 所示。

06 在【刀轴控制】选项设置面板的【刀轴控制】下拉列表中选择【曲面】选项，系统自动识别前面所选的加工曲面作为刀轴控制的参考面，其余选项保留默认，如图 6-51 所示。

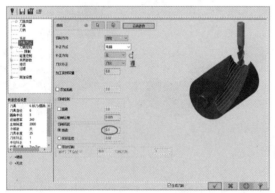

图 6-50　设置切削参数

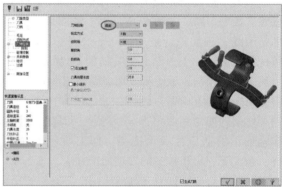

图 6-51　设置刀轴控制

07 在【粗切】选项设置面板中取消勾选【轴向分层切削】复选框，如图 6-52 所示。

08 单击【确定】按钮 ✓ 生成沿面多轴刀路，如图 6-53 所示。

图 6-52　设置粗切参数

图 6-53　生成沿面多轴刀路

6.2.7　多曲面多轴加工

多曲面多轴加工主要是对空间的多个曲面相互连接在一起的曲面组进行加工。传统的多轴加工只能生成单个的曲面刀路，因此，对于多曲面而言，生成的曲面片间的刀路不连续，加工的效果就非常差。多曲面多轴加工就解决了这个问题，是采用流线加工的方式，在多曲面片之间生成连续的流线刀路，大大提高了多曲面片加工精度。

多曲面多轴加工是根据多个曲面的流线产生沿曲面的 5 轴刀轨，多曲面多轴加工实现的前提条件是多个曲面的流线方向类型，不能相互交叉，否则无法生成 5 轴刀轨。

● 实战案例——多曲面多轴加工

对如图 6-54 所示的零件进行多曲面多轴加工，生成的刀路如图 6-55 所示，具体操作步骤如下。读者可扫描右侧二维码实时观看本案例教学视频。

图 6-54　加工零件

图 6-55　加工刀路

01　打开本例源文件 "6-7. mcam"。

02　在【多轴加工】面板中单击【多曲面】按钮 🔺，将会弹出【多轴刀路-多曲面】对话框。

03　在【刀具】选项设置面板中新建 D6 的球刀，如图 6-56 所示。

04　在【切削方式】选项设置面板中单击【选择】按钮 ⊾ ，选取模型曲面后按〈Enter〉键确认。在弹出的【曲面流线设置】对话框中单击【切削方向】按钮来调整流线方向，如图 6-57 所示。

图 6-56　新建刀具

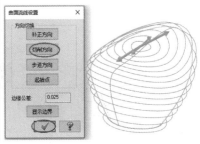

图 6-57　选择切削曲面并设置流线方向

05　在【刀轴控制】选项设置面板中选择【到点】选项，并单击【选择】按钮 ⊾ 选择一个点作为刀轴的方向控制点，如图 6-58 所示。

06　保留其他选项设置，单击【确定】按钮 ✔ 生成多曲面刀路，如图 6-59 所示。

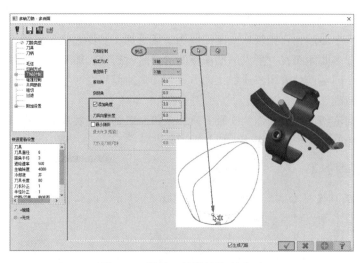

图 6-58　设置刀具轴的控制选项　　　　　图 6-59　生成多曲面刀路

6.2.8　通道多轴加工

通道多轴加工主要用于管件形状曲面的加工，支持创建粗切和精切。通道加工也是根据曲面的流线产生沿 U 向流线或 V 向流线产生多轴加工刀路，加工管道内腔，如图 6-60 所示。

图 6-60　加工管道内腔

— ● **实战案例——通道多轴加工** ——

对如图 6-61 所示的管道零件进行内壁加工，生成的刀路如图 6-62 所示，具体操作步骤如下。读者可扫描右侧二维码实时观看本案例教学视频。

图 6-61　加工零件　　　　　图 6-62　加工刀路

01　打开本例源文件 "6-8. mcam"。

02　在【多轴加工】面板中单击【通道】按钮，将会弹出【多轴刀路-通道】对话框。

03　在【刀具】选项设置面板中新建 D10 的糖球型铣刀。

04　在【切削方式】选项设置面板中单击【选择】按钮，然后选择管道曲面，并设置切削参数，如图 6-63 所示。

05 在【刀轴控制】选项设置面板中选择【从点】选项，然后单击【选择】按钮  选择一
个点，如图 6-64 所示。

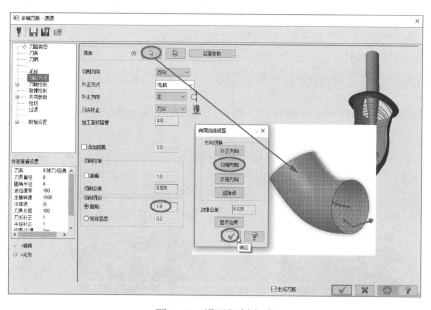

图 6-63 设置切削方式

06 其余选项保持默认设置，单击【确定】按钮 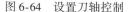 生成通道多轴加工刀路，如图 6-65
所示。

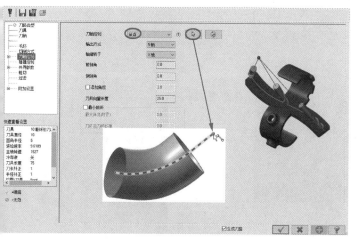

图 6-64 设置刀轴控制　　　　　　　图 6-65 生成的通道多轴加工刀路

6.3 扩展应用加工类型

前面一节中介绍的多轴加工类型属于最基本的多轴加工类型，仅能够满足一般行业加工需要，
适合一般零件的多轴加工。除此之外，Mastercam 还提供了大量特殊的多轴加工，针对特殊的行业
和特殊的零件开发的专用多轴加工刀路。下面仅对常用的扩展应用类型进行介绍。

6.3.1　去除毛刺

当切削加工某些复杂零件时，会出现许多尖角和毛刺，手动打磨不能精确均匀处理这些边缘，而且耗时间，有时甚至很危险。使用去除毛刺多轴加工方法即可精确地去除这些边缘的毛刺，如图 6-66 所示。支持毛刺多轴加工的刀具包括球头铣刀和糖球型铣刀两种。

图 6-66　去除毛刺刀路

● **实战案例——去除毛刺加工**

对如图 6-67 所示的管道零件进行内壁加工，生成的刀路如图 6-68 所示，具体操作步骤如下。读者可扫描右侧二维码实时观看本案例教学视频。

图 6-67　加工零件

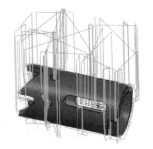

图 6-68　加工刀路

01 打开本例源文件"6-9. mcam"。

02 在【多轴加工】面板中单击【去除毛刺】按钮 ⬛，将会弹出【多轴刀路-去除毛刺】对话框。在【刀具】选项设置面板中新建 D6 的糖球型铣刀，如图 6-69 所示。

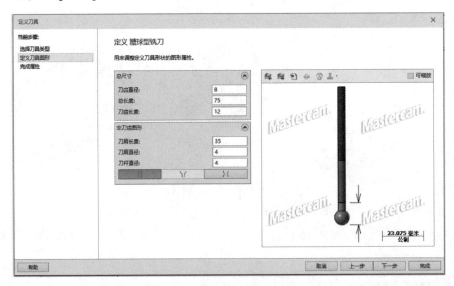

图 6-69　糖球型铣刀的参数设置

03 在【切削方式】选项设置面板中单击【加工几何图形】选项后面的【选择】按钮，然后选择所有模型表面作为加工几何图形，如图 6-70 所示。

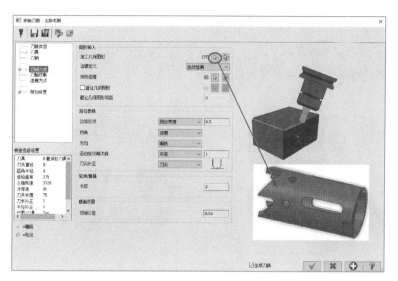

图 6-70 设置切削方式

04 在【刀轴控制】选项设置面板中选择【5 轴（同步）】加工类型选项，如图 6-71 所示。

05 其余选项保持默认设置，单击【确定】按钮 ✓ 生成去除毛刺加工刀路，如图 6-72 所示。

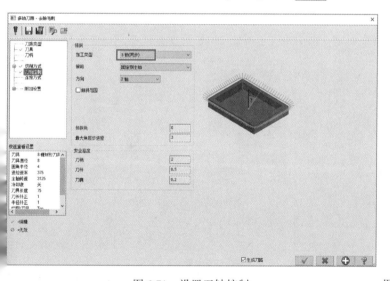

图 6-71 设置刀轴控制

图 6-72 生成的去除毛刺加工刀路

6.3.2 3+2 自动多轴加工

Mastercam 的 "3 + 2 自动" 粗加工刀路使创建完整 3 + 2 加工应用程序的过程自动化。Mastercam 会分析零件模型，为用户选择或创建合适的平面，然后在一次操作中为每个平面创建所有刀路，如图 6-73 所示。

图 6-73 "3 +2 自动"粗加工刀路

● 实战案例——3+2自动多轴粗加工

对如图6-74所示的零件进行3+2自动多轴粗切，粗切刀路如图6-75所示，具体操作步骤。读者可扫描右侧二维码实时观看本案例教学视频。

图6-74　零件模型　　　　　图6-75　粗切刀路

01　打开本例源文件"6-10. mcam"。

02　在【3D】面板的【粗切】选项组中单击【3+2自动】按钮 ▢，将会弹出【多轴刀路-3+2自动粗切】对话框。在【模型图形】选项设置面板中单击【加工图形】选项组中的【选择图素】按钮 ▢，然后框选整个零件模型的面作为加工图形，如图6-76所示。

03　在【刀具】选项设置面板中创建一把D20（刀具长250）的圆鼻铣刀，如图6-77所示。

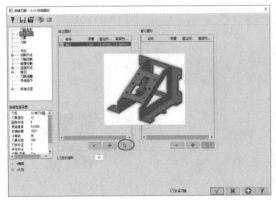

图6-76　选取加工图形　　　　　图6-77　新建刀具

04　在【切削方式】选项设置面板中设置切削方式参数，如图6-78所示。

> **技术要点**　由于零件太复杂且体型较大，建议设置步进量偏大一些，一遍顺利完成开粗（即"粗加工"）。

05　保留其他参数及选项的默认设置，单击【确定】按钮 ✓ 生成"3+2自动"粗切加工刀路，如图6-79所示。

06　单击【实体仿真】按钮 ▢，模拟区域粗切的刀路，结果如图6-80所示。可看到开粗的效果还是比较理想的，对于这种结构比较复杂的零件，"3+2自动"铣削类型要比其他开粗类型要高效很多。

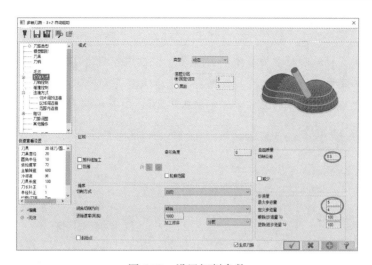

图 6-78 设置切削参数

图 6-79 生成刀路

图 6-80 粗切的模拟效果

6.3.3 投影多轴加工

投影多轴加工与曲线多轴加工类似，不同的是投影多轴加工是将 2D 或 3D 曲线先投影到曲面上，再根据投影后的曲线产生沿面上曲线走刀的多轴加工刀轨。而曲线 5 轴是对 3D 空间曲线进行加工，可以不需要曲面。

● 实战案例——投影多轴加工

对如图 6-81 所示的零件曲面进行投影加工，生成的刀路如图 6-82 所示，具体操作步骤如下。读者可扫描右侧二维码实时观看本案例教学视频。

图 6-81 零件模型

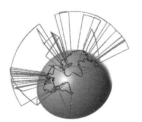

图 6-82 加工刀路

01 打开本例源文件 "6-11. mcam"。

02 在【多轴加工】面板中单击【投影】按钮，将会弹出【多轴刀路-投影】对话框。

03 在【刀具】选项设置面板中新建刀尖直径为1、角度为2、刀杆直径为4的锥度刀，如图 6-83所示。

04 在【切削方式】选项设置面板中单击【投影】选项右侧的【选择】按钮，然后到图形 区选取（如果框选后的曲线有断开间隙，可以采用手动选取串连方式）所有曲线，并选 取曲线上的某一点作为草图起点（即加工起点），如图6-84所示。

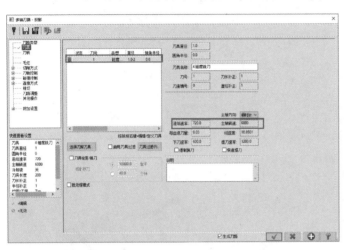
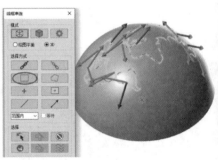

图6-83 新建刀具　　　　　　　　　　　　　　　图6-84 选取投影曲线

05 在【切削方式】选项设置面板中单击【加工几何图形】选项右侧的【选择】按钮，然 后到图形区选取曲面模型，如图6-85所示。

06 其余选项保持默认设置，在【多轴刀路-投影】对话框中单击【确定】按钮生成多轴 投影刀路，如图6-86所示。

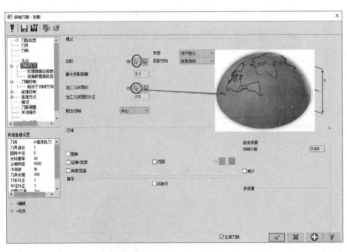
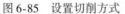
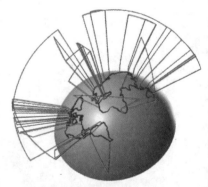

图6-85 设置切削方式　　　　　　　　　　　　　图6-86 生成的投影加工刀路

6.3.4 高级旋转多轴加工

使用高级旋转多轴加工类型可创建4轴旋转刀具路径，通过选择壁、轮毂和护罩表面来更好地
控制刀具运动。高级旋转多轴加工类型将分析壁和腔以创建合适的刀路。高级旋转刀路使用常数值
在从毛坯顶部开始的刀路之间进行加工。

● 实战案例——高级旋转多轴加工

对如图6-87所示的轴零件曲面进行高级旋转多轴加工，生成的刀路如图6-88所示，具体操作步骤如下。读者可扫描右侧二维码实时观看本案例教学视频。

图6-87 零件模型

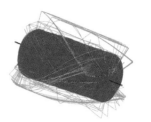

图6-88 加工刀路

01 打开本例源文件"6-12. mcam"。

02 在【多轴加工】面板中单击【高级旋转】按钮，将会弹出【多轴刀路-高级旋转】对话框。

03 在【刀具】选项设置面板中新建D10的球刀，如图6-89所示。

04 在【毛坯】选项设置面板中选中【工件设置】单选按钮，如图6-90所示。

> **技术要点** 如果事先没有进行毛坯设置，不要选中此单选按钮。可选中【依照选择图形】单选按钮，然后选取零件表面作为毛坯即可，当然还要在【毛坯调整】选项组中增加【延伸】值。

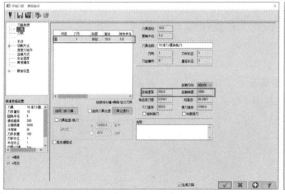

图6-89 新建刀具   图6-90 定义毛坯

05 在【自定义组件】选项设置面板中单击【加工几何图形】选项右侧的【选择】按钮，然后到图形区选取除两个轴端面的其余曲面，如图6-91所示。

06 在【自定义组件】选项设置面板的【旋转轴】选项组中单击【方向】选项右侧的【选择】按钮，然后选取已有直线作为轴向参考。接着再单击【基于点】选项右侧的【选择】按钮，选取直线端点作为轴起点，如图6-92所示。

07 其余选项保持默认设置，在【多轴刀路-高级旋转】对话框中单击【确定】按钮 生成多轴投影刀路，如图6-93所示。

08 进行实体加工仿真模拟，模拟结果如图6-94所示。

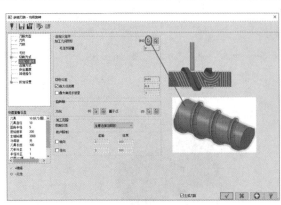 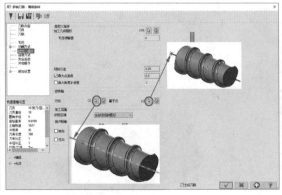

图 6-91 选取加工几何图形　　　　图 6-92 定义旋转轴

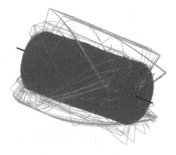 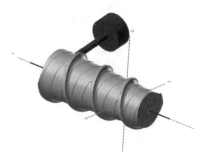

图 6-93 生成的高级旋转加工刀路　　　　图 6-94 实体仿真模拟

6.3.5 沿边多轴加工

沿边多轴加工是指利用刀具的侧刃的整个长度对工件的侧壁进行多轴加工。刀路是跟随所选加工串连的，根据刀具轴的控制方式不同可以生成 4 轴或 5 轴铣削加工刀路。

● **实战案例——沿边多轴加工**

对如图 6-95 所示的零件进行加工，生成的刀路如图 6-106 所示，具体操作步骤如下。读者可扫描右侧二维码实时观看本案例教学视频。

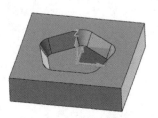 

图 6-95 加工零件　　　　图 6-96 加工结果

技术要点　沿边多轴加工的刀路始终在侧壁底边所在的绘图平面上生成，因此在创建刀路前要查看 WCS 坐标系的 xy 平面是否在侧壁底边平面上，如果不是需及时平移模型。

01 打开本例源文件 "6-13.mcam"。

02 在【多轴加工】面板中单击【沿边】按钮，将会弹出【多轴刀路-沿边】对话框。

03 在【刀具】选项设置面板中新建 D20（刃长 70，总长 300）的球刀。

04 在【毛坯】选项设置面板中设置毛坯选项，如图 6-97 所示。

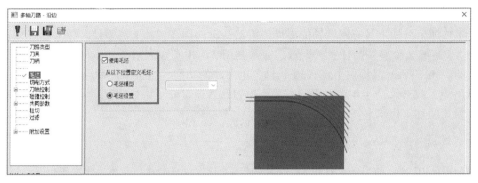

图 6-97 设置切削方式

05 在【切削方式】选项设置面板的【壁边】选项组中单击【曲面】选项右侧的【选择】按钮 ，然后选择零件凹槽中的所有侧壁曲面，如图 6-98 所示。

06 按〈Enter〉键确认后在选择第一曲面（下刀时接触的第一个曲面），选取底边作为"第一个较低的轨迹"，选取后单击【设置边界方向】对话框的【确定】按钮，完成侧壁的选取，如图 6-99 所示。

图 6-98 选取侧壁曲面

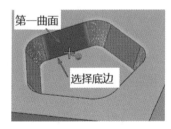

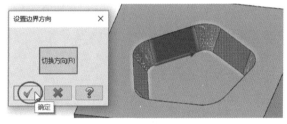

图 6-99 选取第一曲面和第一个较低的轨迹

07 在【刀轴控制】选项设置面板中设置刀轴控制选项，如图 6-100 所示。

08 其余选项保持默认设置，在【多轴刀路-沿边】对话框中单击【确定】按钮 ✔ 生成多轴沿边刀路，如图 6-101 所示。

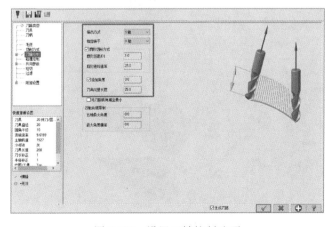

图 6-100 设置刀轴控制选项

图 6-101 生成沿边刀路

6.3.6 旋转多轴加工

旋转多轴加工可加工具有回转轴的零件或沿某一轴四周需要加工的零件。CNC 机床中的第 4 轴可以是绕 X、Y 或 Z 轴旋转的任意一个轴，通常是用 A、B 或 C 表示，具体是哪根轴是根据机床的配置来定的。Mastercam 只提供了绕 A 或 B 轴产生刀路的功能，当机床是具有 C 轴的 4 轴 CNC 机床时，可以用绕 A 或 B 轴产生 4 轴刀路的方法产生刀路，通过修正后处理程序，可以生成具有 C 轴的 4 轴 CNC 机床的加工代码。

● 实战案例——旋转 4 轴加工

对如图 6-102 所示的零件进行加工，生成的刀路如图 6-103 所示，具体操作步骤如下。读者可扫描右侧二维码实时观看本案例教学视频。

图 6-102　加工零件

图 6-103　加工结果

01　打开本例源文件 "6-14. mcam"。

02　在【多轴加工】面板中单击【旋转】按钮，将会弹出【多轴刀路-旋转】对话框。

03　在【刀具】选项设置面板中新建 D6 的球刀。

04　在【切削方式】选项设置面板中设置切削方式参数，如图 6-104 所示。

05　在【刀轴控制】选项设置面板中设置旋转轴等参数，如图 6-105 所示。

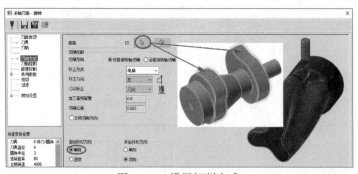

图 6-104　设置切削方式

图 6-105　设置刀轴控制选项

06 其余选项保持默认设置，在【多轴刀路-旋转】对话框中单击【确定】按钮 ✓ 生成 4 轴旋转刀路，如图 6-106 所示。

图 6-106　生成旋转 4 轴刀路

6.3.7　叶片专家

使用叶片专家加工类型可对外形极其复杂的零件进行 5 轴加工，诸如叶轮或风扇的叶片，如图 6-107 所示。

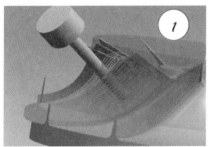

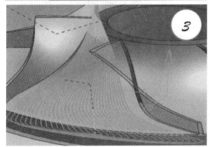

图 6-107　叶片加工

▶ 实战案例——叶片多轴加工

对如图 6-108 所示的叶轮零件的叶片进行多轴加工，生成的刀路如图 6-119 所示，具体操作步骤如下。读者可扫描右侧二维码实时观看本案例教学视频。

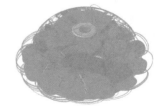

图 6-108　加工零件　　　　　　　　图 6-109　加工结果

01 打开本例源文件"6-15.mcam"。

02 在【多轴加工】面板中单击【叶片专家】按钮 🔺，将会弹出【多轴刀路-叶片专家】对话框。

03 在【刀具】选项设置面板中新建 D10 的球刀。

04 单击【自定义组件】选项设置面板的【叶片分流圆角】选项右侧的【选择】按钮 ⬚，然后选取叶轮零件中的所有叶片曲面和叶片底部的圆角曲面。接着单击【轮毂】选项右侧的【选择】按钮，再选取叶轮中的轮毂曲面，并在【自定义组件】选项设置面板中设置其他参数，如图 6-110 所示。

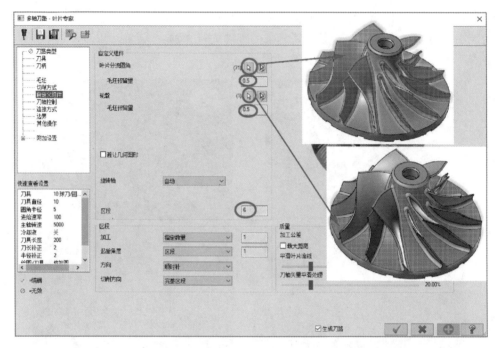

图 6-110　自定义组件

05　在【边界】选项设置面板中设置边界参数，如图 6-111 所示。

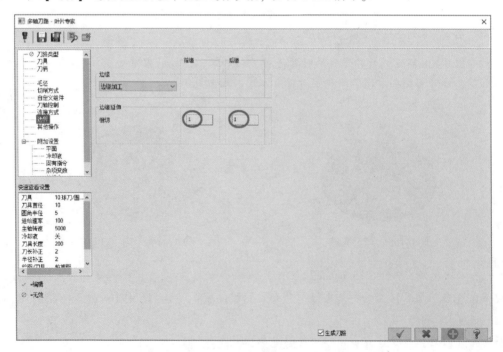

图 6-111　设置边界参数

06 其余选项保持默认设置，在【多轴刀路-叶片专家】对话框中单击【确定】按钮 [✔]，生成叶片多轴加工刀路，如图 6-112 所示。

07 在【机床】选项卡中单击【实体仿真】按钮 [📋]，对刀路进行仿真模拟，模拟结果如图 6-113 所示。

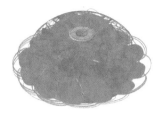

图 6-112　生成旋转 4 轴刀路

图 6-113　实体模拟结果

第7章 钻削加工案例解析

本章导读 ≪≪≪

钻削加工是非常重要的加工类型。钻削加工也是二维加工中的一种特例，之所以单独讲解，是因为孔的加工方法本身就有很多种，例如铣削加工、数控钻孔、普通机床钻孔、扩孔和镗孔等。本章详解 Mastercam 的钻削加工的基本参数设置和实际的案例应用。

7.1 Mastercam 的钻孔参数设置

钻孔刀路主要用于钻孔、镗孔和攻丝等加工的刀路。钻削加工除了要设置通用参数外还要设置专用钻孔参数。

7.1.1 钻孔点的选择方式

要进行钻孔刀路的编制，就必须定义钻孔所需要的点。这里所说的钻孔点并不仅仅指【点】，而是指能够用来定义钻孔刀路的图素，包括存在点、各种图素的端点、中点以及圆弧等都可以作为钻孔的图素。

在【铣削刀路】选项卡的【2D】面板的【孔加工】组中单击【钻孔】按钮 ，在弹出的如图 7-1 所示的【刀路孔定义】对话框中显示了如下 4 种常见钻孔点的选择方式。

1. 按"选择的排序"方式

用户采用"选择的排序"方式可以选择存在点、输入的坐标点、捕捉图素的端点、中点、交点、中心点或圆的圆心点、象限点等来产生钻孔点，按照用户的习惯进行有意义的排序，如图 7-2 所示。

图 7-1　【刀路孔定义】选项面板

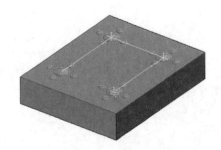

图 7-2　按"选择的排序"方式定义钻孔点

2. 按"2D 排序"方式

当零件中要加工的孔比较多且排列整齐时，可采用"2D 排序"方式来定义钻孔点。2D 排序方式的排列组合类型比较多，在【排序】组中单击【排序】按钮 ，可展开【2D 排序】的排序类型，如图 7-3 所示。选择一种 2D 排序类型（如【X + Y +】类型），可以在零件中随意选取孔，系统会自动进行 2D 排序，结果如图 7-4 所示。

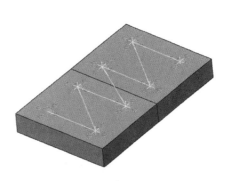

图 7-3　2D 排序类型　　　　　　　　图 7-4　按【2D 排序】方式来定义钻孔点

3. 按旋转排序方式

当零件中的孔按照环形阵列规则进行布置时，定义钻孔点时可采用"旋转排序"方式。在【排序】组中单击【排序】按钮 ，可展开【旋转排序】的排序类型，如图 7-5 所示。图 7-6 所示为按【顺时针旋转 +】的方式进行钻孔点的排序。

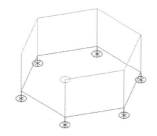

图 7-5　旋转排序类型　　　　　　　　图 7-6　按【顺时针旋转 +】方式定义钻孔点

4. 按断面排序方式

【断面排序】方式主要针对零件表面为异形曲面的情况，当然也适用于平面上的钻孔定义。【断面排序】类型如图 7-7 所示。图 7-8 所示为按【顺时针 Z +】类型进行排序的钻孔点定义。

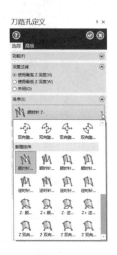

图7-7　断面排序类型

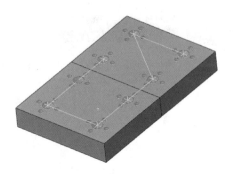

图7-8　按【顺时针 Z +】方式定义钻孔点

7.1.2　钻孔循环

Mastercam 提供了多种类型的钻孔循环方式，在【2D 刀路-钻孔/全圆铣削 深孔啄钻-完整回缩】对话框的【切削参数】选项设置面板中展开【循环方式】下拉列表，该下拉列表中包括 6 种钻孔循环和自设循环类型，如图 7-9 所示。

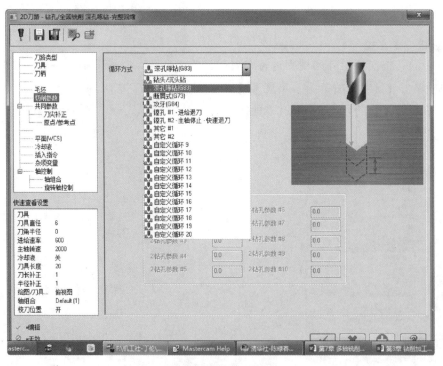

图 7-9　钻孔循环方式

1. 钻头/沉头钻（G81/G82）循环

钻头/沉头钻（G81/G82）循环是一般简单钻孔，一次钻孔直接到底，执行此指令时，钻头先快速定位至所指定的坐标位置，再快速定位（G00）至参考点，接着以所指定的进给速率 F 向下钻削至所指定的孔底位置，可以在孔底设置停留时间 P，最后快速退刀至起始点（G98 模式）或参考点（G99 模式）完成循环，如图 7-10 所示。这里为讲解方便，全部退刀到起始点。以下图片都以实线表示进给速率线，以虚线表示快速定位〔G00〕速率线。

> **技术要点**　　G82 指令除了在孔底会暂停时间 P 外，其余加工动作均与 G81 相同。G82 使刀具切削到孔底后暂停几秒，可改善钻盲孔、柱坑、锥坑的孔底精度。

2. 深孔啄钻（G83）循环

深孔啄钻（G83）循环是钻头先快速定位至所指定的坐标位置，再快速定位到参考高度，接着向 Z 轴下钻所指定的距离 Q（Q 必为正值），再快速退回到参考高度，这样便可把切屑带出孔外，以免切屑将钻槽塞满而增加钻削阻力或使切削剂无法到达切边，故 G83 适于深孔钻削，依照此方式一直钻孔到所指定的孔底位置。最后快速抬刀到起始高度，如图 7-11 所示。

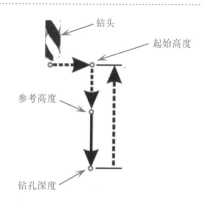

图 7-10　钻头/沉头钻（G81）循环

3. 断屑式（G73）循环

断屑式（G73）循环是钻头先快速定位至所指定的坐标位置，再快速定位参考高度，接着向 Z 轴下钻所指定的距离 Q（Q 必为正值），再快速退回距离 d，依照此方式一直钻孔到所指定的孔底位置。此种间歇进给的加工方式可使切屑裂断且切削剂易到达切边，进而使排屑容易且冷却、润滑效果佳，如图 7-12 所示。

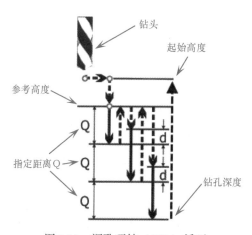

图 7-11　深孔啄钻（G83）循环

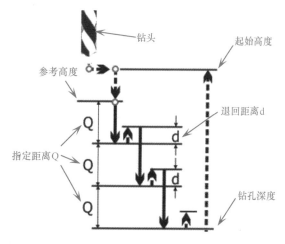

图 7-12　断屑式（G73）循环

> **技术要点**　　G73/G83 是较复杂的钻孔动作，非一次钻到底，而是分段啄进，每段都有退屑的动作，G83 与 G73 不同之处是在退刀时，G83 每次退刀皆退回到参考高度处，G73 退屑时，只退固定的排屑长度 d。

4. 攻牙（G84）循环

攻牙（G84）循环用于右手攻牙，使主轴正转，刀具先快速定位至所指定的坐标位置，再快速定位到参考高度，接着攻牙至所指定的孔座位置，主轴改为反转且同时向 Z 轴正方向退回至参考高度，退至参考高度后主轴会恢复原来的正转，如图 7-13 所示。

5. 镗孔（G85）循环

镗孔（G85）循环是铰刀先快速定位至所指定的坐标位置，再快速定位至参考高度，接着以所指定的进给速率向下铰削至所指定的孔座位置，仍以所指定的进给速率向上退刀。对孔进行两次镗削，能产生光滑的镗孔效果，如图7-14所示。

6. 镗孔（G86）循环

镗孔（G86）循环是铰刀先快速定位至所指定的坐标位置，再快速定位至参考高度，接着以所指定的进给速率向下铰削至所指定的孔座位置，停止主轴旋转，以G00速度回抽至原起始高度，而后主轴再恢复顺时针旋转，如图7-15所示。

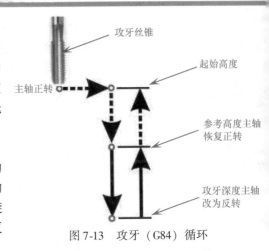

图7-13 攻牙（G84）循环

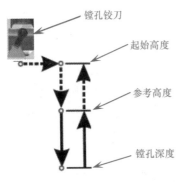

图7-14 镗孔（G85）循环

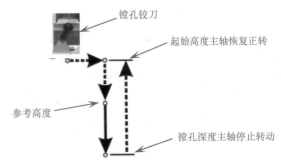

图7-15 镗孔（G86）循环

7.1.3 钻削加工参数

钻孔参数包括刀具参数、切削参数和共同参数，共同参数的设置基本上与2D刀路的【2D-外形铣削】对话框中的【共同参数】选项设置面板相同，下面主要讲解不同之处。

1. 切削参数

切削参数包括首次啄钻、副次切量、安全余隙、回缩量、暂停时间和提刀偏移量等。在【2D刀路-钻孔/全圆铣削　深孔啄钻-完整回缩】选项设置面板中单击【切削参数】选项，将会弹出【切削参数】选项设置面板，其用来设置钻孔相关参数，如图7-16所示。

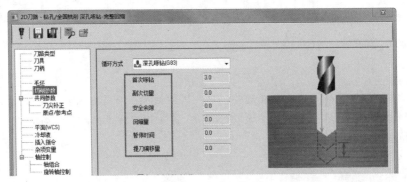

图7-16 切削参数

各选项含义如下。

- 首次啄钻：设置第一次步进钻孔深度。

- 副次切量：后续的每一次步进钻孔深度。
- 安全余隙：本次刀具快速进刀与上次步进深度的间隙。
- 回缩量：设置退刀量。
- 暂停时间：设置刀具在钻孔底部的停留时间。
- 提刀偏移量：此参数是设置镗孔刀具在退刀前让开孔壁一段距离，以免伤及孔壁，只用于镗孔循环。

2. 深度补偿

在【共同参数】选项设置面板中，可以设置钻孔公共参数。如果钻削孔深度不是通孔，则输入的深度值只是刀尖的深度。由于钻头尖部夹角为118°，为方便计算，提供的深度补偿功能可以自动帮用户计算钻头刀尖的长度。

单击【计算器】按钮 █，将会弹出【深度计算】对话框，如图 7-17 所示。该对话框会根据用户所设置的【刀具直径】和【刀具尖部包含的角度】自动计算应该补偿的深度。

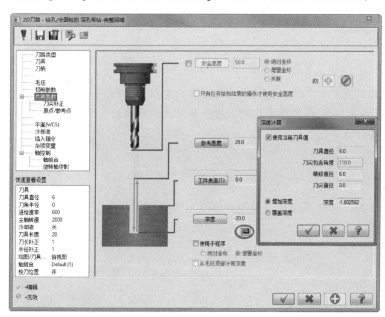

图 7-17　深度计算

各选项含义如下。

- 使用当前刀具值：将以当前正被使用的刀具直径最为要计算的刀具直径。
- 刀具直径：当前使用的刀具直径。
- 刀尖部包含角度：钻头刀尖的角度。
- 精修直径：设置当前要计算刀具直径。
- 刀尖直径：设置要计算的刀具刀尖直径。
- 增加深度：将计算的深度增加到深度值中。
- 覆盖深度：将计算的深度覆盖到深度值中。
- 深度：计算出来的深度。

3. 刀尖补正方式

在【刀尖补正】选项设置面板中可以设置钻孔深度补偿，如图 7-18 所示。

各选项含义如下。

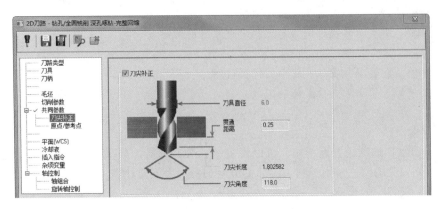

图 7-18　刀尖补正方式

- 刀具直径：当前使用的钻头直径。
- 贯穿距离：钻头（除掉刀尖以外）贯穿工件超出的距离。
- 刀尖长度：钻头尖部的长度。
- 刀尖角度：钻头尖部的角度。

> **技术要点**　如果不使用贯穿选项，输入的距离只是钻头刀尖所到达的深度，在钻削通孔时若设置的钻孔深度与材料的厚度相同，会导致孔底留有残料，无法穿孔。采用尖部补偿功能可以将残料清除。

7.2　实战案例——模具模板钻削加工案例

对如图 7-19 所示的模具模板进行钻削加工，加工刀路如图 7-20 所示，具体操作步骤如下。读者可扫描右侧二维码实时观看本案例教学视频。

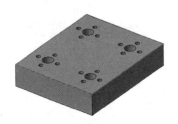

图 7-19　模具模板

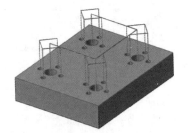

图 7-20　加工刀路

01　打开本例源文件 "7-1.mcam"。

02　在【铣削刀路】选项卡的【2D】面板的【孔加工】组中单击【钻孔】按钮，将会弹出【刀路孔定义】选项面板。

03　在模板中依次选取 16 个小圆孔（注意选取的顺序）的圆心作为钻孔位置点，如图 7-21 所示。完成选取后单击【确定】按钮。

04　在弹出的【2D 刀路-钻孔/全圆铣削 深孔啄钻-完整回缩】对话框的【刀具】选项设置面板中定义新刀具 D6（直径为 6 的标准钻头）及相关参数，如图 7-22 所示。

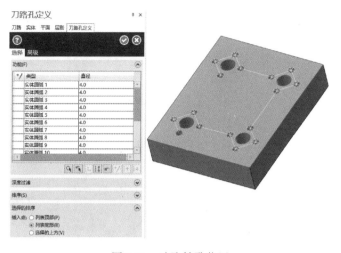

图 7-21 选取钻孔位置

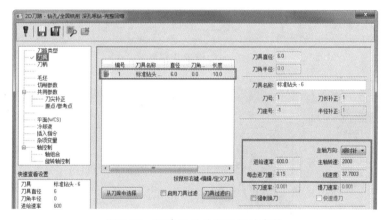

图 7-22 新建刀具并设置相关参数

05 在【切削参数】选项设置面板中设置切削相关参数，如图 7-23 所示。

图 7-23 设置切削参数

06 在【共同参数】选项设置面板中设置二维刀路共同的参数，如图 7-24 所示。

07 在【刀尖补正】选项设置面板中设置刀尖补正的参数，如图 7-25 所示。

08 其余选项保持默认，单击【确定】按钮 ✔ 生成刀路，如图 7-26 所示。

09 单击【实体模拟】按钮进行实体仿真模拟，如图 7-27 所示。

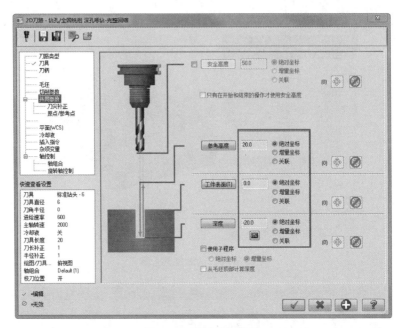

图 7-24　设置共同参数

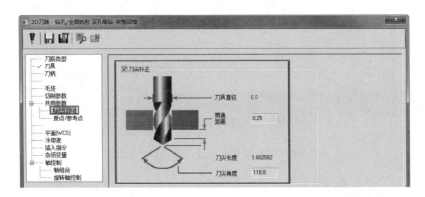

图 7-25　设置刀尖补正

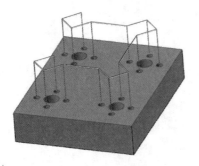

图 7-26　生成刀路

图 7-27　实体仿真

10　在【刀路】管理器面板中复制前面完成的深孔啄钻工序操作，并原位进行粘贴。粘贴操作后单击【参数】选项，打开【2D 刀路-钻孔/全圆铣削 深孔啄钻-完整回缩】对话框。

11　在【刀具】选项设置面板中新建 D10 的钻头，如图 7-28 所示。其余选项设置保留默认，单击【确定】按钮 ✔ 关闭对话框。

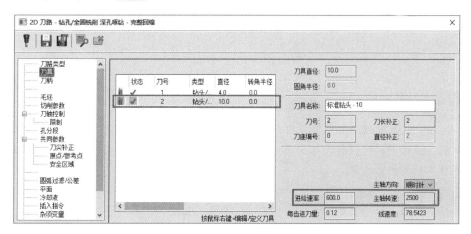

图7-28　新建刀具

12 在【刀路】管理器面板中单击新工序操作下的【图形】选项，打开【刀路孔定义】选项面板。然后将该选项面板【功能】特征列表中的点全部删除（选中并右击，选择【删除】命令），然后重新选取模板中的4个大孔，如图7-29所示。

13 关闭该选项面板后，在【刀路】过管理器面板中的新工序操作下，单击【刀路】选项，在弹出的【警告：已选择无效的操作】对话框中单击【确定】按钮 ✔ 重新生成刀路，如图7-30所示。

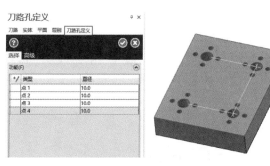

图7-29　重新选择孔

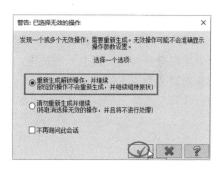

图7-30　重新生成刀路

14 重生成的啄钻刀路和刀路模拟结果如图7-31所示。

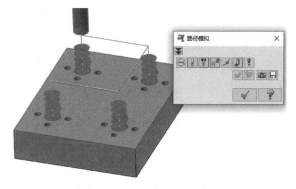

图7-31　重生成的刀路模拟

第8章 车削加工案例解析

本章导读 《

在 Mastercam 2022 车削加工中包含粗车加工、精车加工、车槽、螺纹车削、截断车削、端面车削、钻孔车削、快速车削模组和循环车削模组等，本章重点介绍常见的几种标准车削方法，并讲解车削加工各种参数及操作步骤。

8.1 车削加工类型简介

在【机床】选项卡的【机床类型】面板中单击【车床】|【默认】命令，将会弹出【车床-车削】选项卡、【车床-木雕刀路】选项卡和【车床-铣削】选项卡，Mastercam 车削加工工具在【车床-车削】选项卡中，如图 8-1 所示。

图 8-1 【车床-车削】选项卡

【车床-车削】选项卡和【车床-木雕刀路】选项卡中的加工指令与【铣削刀路】选项卡中的加工指令是完全相同的，这里不做赘述。下面仅介绍【车床-车削】选项卡的【标准】面板中的常见标准车削加工类型，包括粗车、精车、车槽和车端面几种。下面用一个轴类零件的完整车削加工过程进行详解，要加工的轴零件如图 8-2 所示。

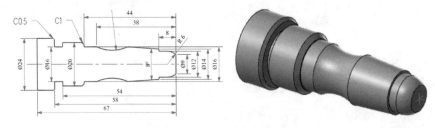

图 8-2 轴零件

根据零件图样、毛坯情况，确定工艺方案及加工路线。对于本例的回转体轴类零件，轴心线为工艺基准。粗车外圆，可采用阶梯切削路线，为编程时数值计算方便，前段半圆弧部分用同心圆车圆弧法。工步顺序如下。

1）粗车外圆的顺序是：车 $\phi9$ 右端面→车 $\phi12$ 外圆弧段→车 $\phi14$ 外圆与斜面段→车 $\phi16$ 外圆段→车 $\phi20$ 外圆段→车 $\phi24$ 外圆段。

2）粗车 $R19$ 圆弧段。

3）精车整个零件外圆。

4）精车 4 宽的退刀槽。

5）切断 φ24 外圆段尾端的废料。

加工本例零件的刀具及用途如下。

- T1（T 0101 R 0.8 OD ROUGH RIGHT 80 DEG）：左手外圆车刀，刀尖角 80°，粗车台阶面、毛坯端面和圆弧面。

- T2（T 0101 R 0.8 OD ROUGH RIGHT 50 DEG）：左手外圆车刀，刀尖角 55°，精车台阶面、 倒斜角面和圆弧面。

- T3（T 15115 R 0.4 W 4 OD GROOVE CENTER-MEDIUM）：左手、刀片宽 4、刀片长 10 的槽刀，用于切槽。

- T4（T 3131 R 0.8 ROUGH FACE RIGHT-80 DEG）：左手、刀片宽 4、刀片长 16 的槽刀，车削端面并切断毛坯。

8.2 粗车

使用粗车加工类型可快速去除大量毛坯，以便为精车加工做准备。粗车加工是平行于 Z 轴的直线切削，可设置用于插入底切区域的选项。标准粗车加工刀路设置中还包括半精加工选项，粗加工刀具将按照零件轮廓进行最终走刀。

● 实战案例——粗车加工

粗车刀路如图 8-3 所示，仿真模拟结果如图 8-4 所示，具体操作步骤如下。读者可扫描右侧二维码实时观看本案例教学视频。

图 8-3 粗车刀路

图 8-4 粗车模拟结果

1. 零件处理

零件处理主要是针对加工坐标系（刀具面坐标系）不正确时进行的一系列操作，具体操作步骤如下。

01 打开本例源文件"8-1.mcam"。

02 在【视图】选项卡的【显示】面板中单击【显示指针】按钮，显示当前坐标系，检查 WCS 工作坐标系、绘图平面坐标系和刀具面坐标系是否完全重合，如果不一致，会出现三个坐标系，若三者重合仅显示 WCS 工作坐标系，如图 8-5 所示。

 技术要点　在车削加工中，Mastercam 系统规定如下。

- 回转零件的截面图形必须在绘图平面上。

- 绘图平面、WCS 工作平面和刀具平面三者必须重合。也就是说，如果截面图形在俯视图平面上，只能设置俯视图平面作为工作平面，不能设置前视图或其他视图作为当前 WCS 工作平面，否则不能正确创建刀路。

- 坐标系原点必须在回转零件的前端圆面的圆心位置，或者距离前端面一定距离，留出端面毛坯距离。

- 零件前端的毛坯边界不能超出坐标系原点位置，若超出，需重新指定下刀点。

03 若有一项不符合规定，必须立即做出处理。本例零件基本上满足以上要求，此处不再进一步处理。

04 在【刀路】管理器面板的【机床群组-1】节点中单击【毛坯设置】选项，将会弹出【机床群组属性】对话框。在【毛坯设置】选项卡中单击【毛坯】选项组下的【参数】按钮，在弹出的【机床组件管理：毛坯】对话框中输入各项参数，完成毛坯的设置，如图8-6所示。

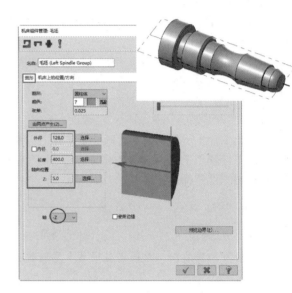

图 8-5　显示坐标系　　　　　　　　　　　　图 8-6　设置毛坯

05 在【毛坯设置】选项卡的【卡爪设置】选项组中单击【参数】按钮，将会弹出【机床组件管理：卡盘】对话框。在【图形】选项卡中设置参数，如图8-7所示。

06 在【参数】选项卡中设置参数，如图8-8所示。

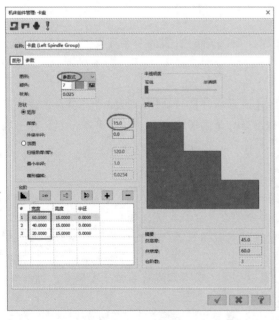

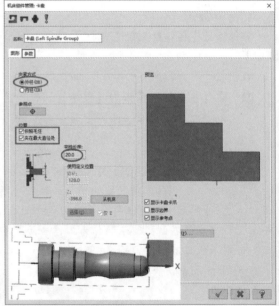

图 8-7　设置图形　　　　　　　　　　　　　图 8-8　设置参数

2. 粗车外圆截面中的直线部分

处理粗车外圆截面中直线部分的具体操作步骤如下。

01 在【车床-车削】选项卡的【标准】面板中单击【粗车】按钮，将会弹出【实体串连】对话框。在该对话框中单击【实体】按钮，在绘图区选取加工串连，选取后注意箭头指向应是从轴前端到尾端，如图8-9所示。

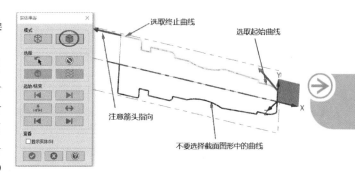

图 8-9　选取实体串连

> **技术要点**　在选择串连时，系统会自动显示整个零件的完整轮廓曲线供用户选择，选择时应注意坐标系的 +Y 轴指向，因为刀具方向（头朝原点、尾朝 +Y 轴向）始终跟 +Y 轴向保持一致，所以此处应选取在 +Y 一侧的串连，而不是-Y 一侧的串连。如果用选择错误，那么在创建刀路时会提示刀具与毛坯产生碰撞。

---

02 在【实体串连】对话框中单击【确定】按钮后将会弹出【粗车】对话框。在【刀具参数】选项卡中选择外圆车刀 T 0101 R 0.8 OD ROUGH RIGHT-80，设置车削进给速率为 0.3mm/转，主轴转速为 1000，如图8-10所示。

03 在【刀具参数】选项卡中勾选【参考点】按钮前的复选框激活【参考点】按钮。单击【参考点】按钮将会弹出【参考点】对话框。输入【进入】坐标值和【退出】坐标值，完成后单击【确定】按钮，如图8-11所示。

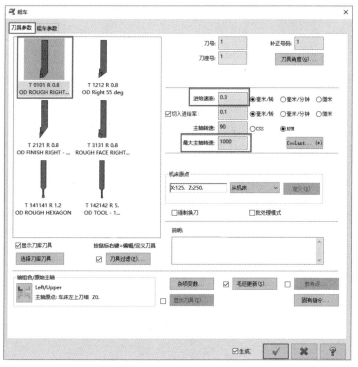

图 8-10　选择车削加工刀具　　　　　图 8-11　设置进刀、退刀参考点

技术要点　　　参考点的设置相当重要，如果不设置，系统会自动跟随零件外形进行切削，若毛坯大于零件，那么车削时刀具会与用户设置的毛坯产生碰撞，无法生成正确刀路。也就是说设置参考点，目的是为了保护刀具。

04 在【粗车参数】选项卡中设置切削深度值为1。在【刀具在转角处走圆角】列表中选择【无】选项，在【毛坯识别】选项组中选择【使用毛坯外边界】选项，其余参数保留默认，如图 8-12 所示。

05 粗车参数设置完成后单击【确定】按钮  生成粗车刀路，如图 8-13 所示。

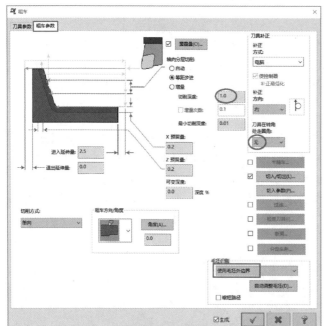

图 8-12　粗车参数　　　　　　　　　　　图 8-13　生成的粗车刀路

3. 粗车外圆截面中的圆弧部分

对弧形凹槽采用粗车方法进行加工，车槽加工刀路的具体操作步骤如下。

01 在【车床-车削】选项卡的【标准】面板中单击【粗车】按钮 ，将会弹出【实体串连】对话框。然后在绘图区中选取圆弧曲线作为加工串连，如图 8-14 所示。

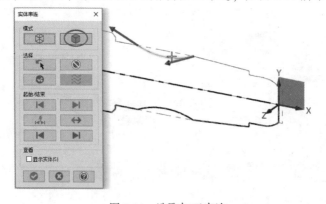

图 8-14　选取加工串连

02 在弹出的【粗车】对话框的【刀具参数】选项卡中选择外圆车刀 T 2121 R0.8 OD ROUGH RIGHT-35，再设置车削进给速率为0.3，主轴转速为1000，最大主轴转速为10000，如图 8-15 所示。

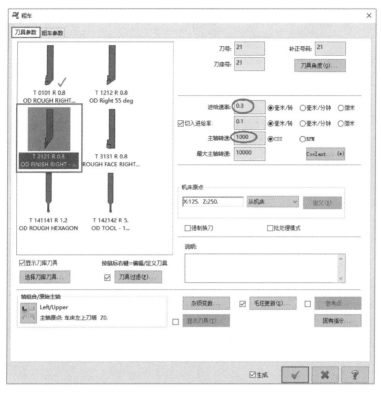

图 8-15　设置刀具相关参数

03 在【刀具参数】选项卡中勾选【参考点】按钮前的复选框激活【参考点】按钮，单击【参考点】按钮将会弹出【参考点】对话框。在【进入】选项组单击【选择】按钮，然后选取一个零件圆弧面上的参考点，选取参考点后修改其坐标值，如图 8-16 所示。

04 同理，按此方法设置退刀点，单击【确定】按钮  完成参考点设置，如图 8-17 所示。

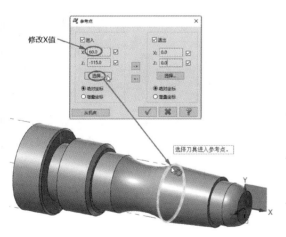

图 8-16　设置进刀点

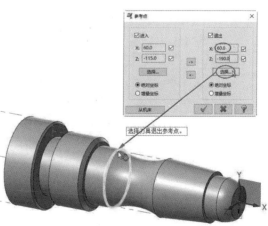

图 8-17　设置退刀点

05 在【粗车】对话框的【粗车参数】选项卡中设置粗车参数，如图 8-18 所示。

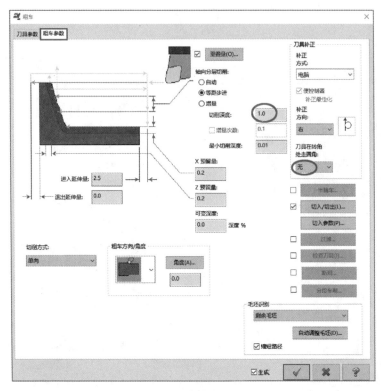

图 8-18　设置粗车参数

06 单击【切入/切出】按钮，将会弹出【切入/切出设置】对话框。在【切入】选项卡中勾选【切入圆弧】复选框，并单击【切入圆弧】按钮，设置圆弧参数，如图 8-19 所示。

07 同理，在【切出】选项卡也进行相同的设置，如图 8-20 所示。

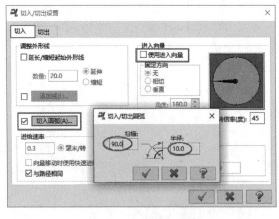

图 8-19　设置切入参数　　　　　　图 8-20　设置切出参数

08 在【粗车参数】选项卡中单击【切入参数】按钮 切入参数(P)，将会弹出【车削切入参数】对话框。选择该对话框中的第二项【允许双向垂直下刀】切入方式来切削凹槽，单击【确定】按钮 ✓ 完成车削切入参数的设置，如图 8-21 所示。

09 在【粗车参数】选项卡的【毛坯识别】选项组中选择【剩余毛坯】选项，最后单击【确定】按钮 生成粗车弧形槽的刀路，如图 8-22 所示。

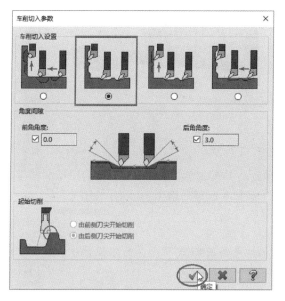

图 8-21　设置车削切入参数　　　　　　图 8-22　生成粗车弧形槽的刀路

10 单击【实体仿真】按钮 对两个工序操作进行实体仿真模拟，模拟结果如图 8-23 所示。

图 8-23　模拟结果

8.3　精车

精车削主要车削工件上的粗车削后余留下的材料，精车削的目的是尽量满足加工要求和粗糙度要求，达到与设计图样要求一致。精车削的操作过程与粗车是相同的，不同的是替换较小刀具和切削深度参数的更改，所以精车的操作技巧是：可以单独创建【精车】工序操作来完成精车加工，也可以将前面创建的粗车工序操作进行复制、粘贴，仅替换刀具和部分参数更改等。这里采用复制、粘贴方法进行精车刀路的创建。

> **技术要点**　　【刀具参数】选项卡中要替换的刀具是 T 0101 R 0.8 OD ROUGH RIGHT 50 DEG，进给速率为 0.2、主轴转速为 3000。【粗车参数】选项卡中修改切削深度为 0.1、X 余留量和 Z 余留量均为 0。

该精车工序这里就不再重复叙述了，轴零件的精车刀路即实体仿真模拟效果如图 8-24 所示。

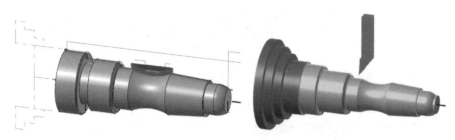

图 8-24　精车刀路和实体模拟仿真

8.4　车槽

径向车削的凹槽加工主要用于车削工件上凹槽部分。下面继续轴零件的退刀槽的粗车和精车加工，Mastercam 中将一次性地完成粗车和精车，不用单独粗车或单独精车。

● 实战案例——退刀槽车削加工

退刀槽车削加工刀路如图 8-25 所示，实体模拟结果如图 8-26 所示，具体操作步骤如下。读者可扫描右侧二维码实时观看本案例教学视频。

图 8-25　车槽零件

图 8-26　实体模拟结果

01 在【车床-车削】选项卡的【标准】面板中单击【沟槽】按钮 ，将会弹出【沟槽选项】对话框。在该对话框中保留默认选项，单击【确定】按钮 将会弹出【实体串连】对话框。在绘图区选取如图 8-27 所示的串连外形。

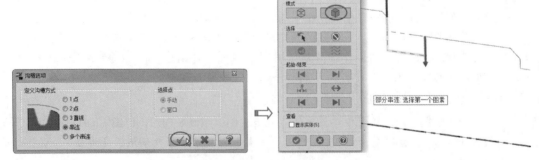

图 8-27　选择串连外形曲线

02 在弹出的【沟槽粗车（串联）】对话框的【刀具参数】选项卡中选择 T 15115 R 0.4 W 4 OD GROOVE CENTER-MEDIUM 的车刀，设置进给速率为 0.1，主轴转速 1000，精车主轴转速为 2000，最大主轴转速为 10000，如图 8-28 所示。

03 在【刀具参数】选项卡中勾选【参考点】按钮前的复选框激活【参考点】按钮，单击【参考点】按钮将会弹出【参考点】对话框。在该对话框中勾选【退出】复选框，单击【选择】按钮，选取退刀参考点，并修改 X 值为 70，单击【确定】按钮 ✓ 完成参考点设置，如图 8-29 所示。

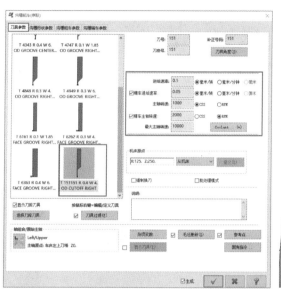

图 8-28　选择车削加工刀具

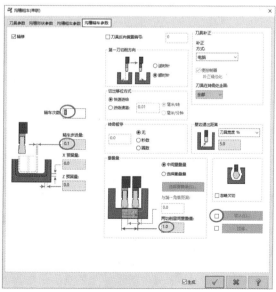

图 8-29　设置退刀参考点位置

04 在【沟槽粗车参数】选项卡中设置沟槽粗车参数，如图 8-30 所示。

05 在【沟槽精车参数】选项卡中设置沟槽精车参数，如图 8-31 所示。

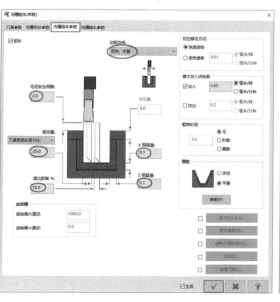

图 8-30　设置沟槽粗车参数

图 8-31　设置沟槽精车参数

06 单击【沟槽粗车（串联）】对话框中的【确定】按钮 ✓ ，根据所设参数生成退刀槽粗车与精车刀路，如图 8-32 所示。

07 单击【实体仿真】按钮 进行仿真模拟，模拟结果如图 8-32 所示。

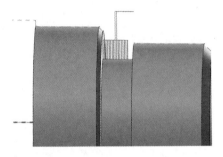 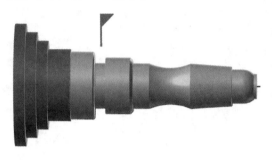

图 8-32　退刀槽车削刀路　　　　　　　　　图 8-33　模拟结果

8.5　车端面和切断

　　车端面（也称为"车削"端面）加工适合用来车削毛坯工件的端面，或者零件结构在 Z 方向的尺寸较大的场合。切断加工是在零件车削完成后从毛坯件中将所需的部分切割出来。

　　● **实战案例——端面车削和毛坯件切断**

　　将轴零件的端面进行粗车和精车操作，并创建截断刀路，如图 8-34 所示，实体模拟结果如图 8-35 所示，具体操作步骤如下。读者可扫描右侧二维码实时观看本案例教学视频。

图 8-34　车削端面和截断刀路　　　　　　　图 8-35　截断模拟结果

1. 车端面

处理车端面的具体操作步骤如下。

01 在【车床-车削】选项卡的【标准】面板中单击【车端面】按钮 ，将会弹出【车端面】对话框。

02 在【车端面】对话框的【刀具参数】选项卡中设置刀具和刀具参数，选取端面车刀 T 3131 R 0.8 ROUGH FACE RIGHT-80 DEG，设置进给速率为 0.2，主轴转速为 2000，如图 8-36 所示。

03 在【车端面】对话框的【车端面参数】选项卡中设置进刀延伸量为 1，粗车步进量为 0.1，精车步进量为 0.25，重叠量为 1，退刀延伸量为 2，单击【选择点】按钮再设置端面区域，选取两点作为端面区域，如图 8-37 所示。

04 单击【确定】按钮 ✓ 生成车削端面刀路，如图 8-38 所示。

05 单击【实体仿真】按钮 进行仿真模拟，模拟结果如图 8-39 所示。

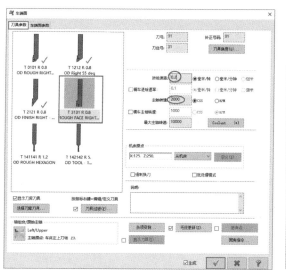

图 8-36　设置刀具参数　　　　　　　　图 8-37　设置车端面参数

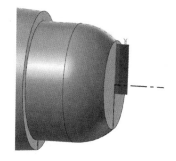

图 8-38　车削端面刀路

图 8-39　模拟结果

2. 切断毛坯件

切断毛坯件的具体操作步骤如下。

01 在【车床-车削】选项卡的【标准】面板中单击【切断】按钮🔲，按信息提示选取切断边界点，如图 8-40 所示。

02 在弹出的【车削截断】对话框的【刀具参数】选项卡中设置刀具和刀具参数，选择截断车刀 T 4141 R 0.1 W 1.85 OD GROOVE CENTER NARROW，设置进给速率为 0.1，主轴转速为 1000，如图 8-41 所示。

03 在【切断参数】选项卡中设置其余选项及参数，如图 8-42 所示。

04 单击【确定】按钮 ✔ 生成车削截断刀路，如图 8-43 所示。

05 单击【实体仿真】按钮 🔧 进行仿真模拟，模拟结果如图 8-44 所示。

图 8-40　选取切断边界点

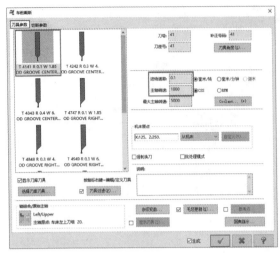
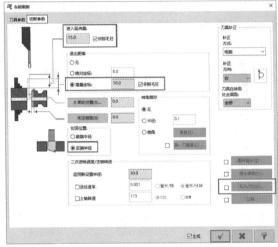

图 8-41 选择刀具并设置参数   图 8-42 设置切断参数

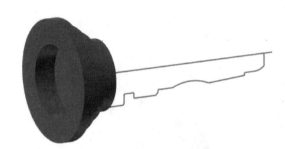

图 8-43 截断刀路   图 8-44 截断模拟结果

5）磨：磨出上下平面及相邻两侧面，对角尺。

6）画线：画出刃口轮廓线和孔（螺孔、销孔、穿丝孔等）的位置。

7）加工型孔部分：当凹模较大时，为减少线切割加工量，需将型孔漏料部分铣（车）出，只切割刃口高度；对淬透性差的材料，可将型孔的部分材料去除，留 3～5 切割余量。

8）孔加工：加工螺孔、销孔、穿丝孔等。

9）淬火：达设计要求。

10）磨：磨削上下平面及相邻两侧面，对角尺。

11）退磁处理。

2. 凸模的准备工序

凸模的准备工序，可根据凸模的结构特点，参照凹模的准备工序，将其中不需要的工序去掉即可，但应注意如下几点。

- 为便于加工和装夹，一般都将毛坯锻造成平行六面体。对尺寸、形状相同，断面尺寸较小的凸模，可将几个凸模制成一个毛坯。

- 凸模的切割轮廓线与毛坯侧面之间应留足够的切割余量（一般不小于5）。毛坯上还要留出装夹部位。

- 在有些情况下，为防止切割时模坯产生变形，要在模坯上加工出穿丝孔。切割的引入程序从穿丝孔开始。

9.1.2　工件的装夹

装夹工件时，必须保证工件的切割部位位于机床工作台纵向、横向进给的允许范围之内，避免超出极限。同时应考虑切割时电极丝运动空间。夹具应尽可能选择通用（或标准）件，所选夹具应便于装夹，便于协调工件和机床的尺寸关系。

1. 悬臂式装夹

图9-2所示为悬臂方式装夹工件，这种方式装夹方便、通用性强。但由于工件一端悬伸，易出现切割表面与工件上、下平面间的垂直度误差。仅用于加工要求不高或悬臂较短的情况。

2. 两端支撑方式装夹

图9-3所示为两端支撑方式装夹工件，这种方式装夹方便、稳定，定位精度高，但不适于装夹较大的零件。

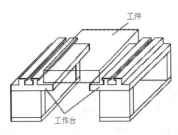

图 9-2　悬臂式装夹

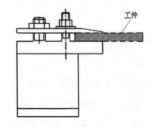

图 9-3　两端支撑方式装夹

3. 桥式支撑方式装夹

图9-4所示所示为桥式支撑方式装夹工件，这种方式是在通用夹具上放置垫铁后再装夹工件，并且装夹方便，对大、中、小型工件都能采用。

4. 板式支撑方式装夹

图9-5所示为板式支撑方式装夹工件。根据常用的工件形状和尺寸，采用有通孔的支撑板装夹工件。这种方式装夹精度高，但通用性差。

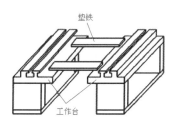

图 9-4　桥式去撑方式装夹

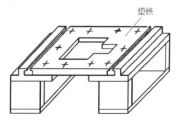

图 9-5　板式支撑方式装夹

9.1.3　电极丝的选择

电极丝应具有良好的导电性和抗电蚀性，抗拉强度高、材质均匀。常用电极丝有钼丝、钨丝、黄铜丝和包芯丝等。钨丝抗拉强度高，直径在（0.03~0.1）范围内，一般用于各种窄缝的精加工，但价格昂贵。黄铜丝适合于慢速加工，加工表面粗糙度和平直度较好，蚀屑附着少，但抗拉强度差，损耗大，直径在0.1~0.3范围内，一般用于慢速单向走丝加工。钼丝抗拉强度高，适于快速走丝加工，因此我国快速走丝机床大都选用钼丝作电极丝，直径在0.08~0.2范围内。

电极丝直径的选择应根据切缝宽窄、工件厚度和拐角尺寸大小来选择。若加工带尖角、窄缝的小型模具宜选用较细的电极丝；若加工大厚度工件或大电流切割时应选较粗的电极丝。电极丝的主要类型、规格如下。

- 钼丝直径：0.08~0.2。
- 钨丝直径：0.03~0.1。
- 黄铜丝直径：0.1~0.3。
- 包芯丝直径：0.1~0.3。

穿丝孔是电极丝相对工件运动的起点，同时也是程序执行的起点，一般选在工件上的基准点处。为缩短开始切割时的切入长度，穿丝孔也可选在距离型孔边缘2~5处，如图9-6 a所示。加工凸模时，为减小变形，电极丝切割时的运动轨迹与边缘的距离应大于5，如图9-6 b所示。

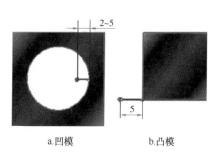

a.凹模　　　　　b.凸模

图 9-6　切入位置的选择

9.1.4　加工方式的选择

加工方式的选择要视具体情况而定，一般来说多电极多次加工的加工时间较长，需要电极定位正确，但这种方法工艺参数选择比较简单。单电极加工一般用于型腔要求比较简单的加工。对于一些型腔粗糙度、形状精度要求较高的零件，可以采用摇动加工方式。数控电火花加工机床的摇动方式一般有如下几种。

- 放射运动从中心向外作半径为 R 的扩展运动，边扩展边加工，如图9-7 a所示。
- 多边形运动从中心向外扩展至 R 位置后，进行多边形运动加工如图9-7 b所示。
- 任意轨迹运动用各点坐标值（X，Y）先编程，以后再动作如图9-7 c所示。
- 圆弧运动从中心向半径 R 方向进行圆弧运动，同时加工如图9-7 d所示。

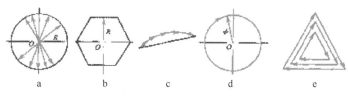

a　　　　b　　　　c　　　　d　　　　e

图 9-7　摇动加工方式

• 自动扩大加工对以上4种运动方式，顺序增加 *R* 值，同时移动进行加工9-7e 所示。

9.1.5 加工路线的选择

在加工中，工件内部应力的释放会引起工件的变形，因此加工路线的选择应注意如下几个方面。

• 避免从工件端面开始加工，应将起点选在穿丝孔中，如图9-8 所示。

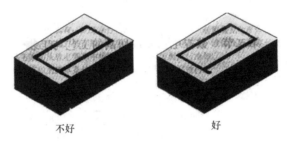

不好　　　　　　好

图9-8　加工路线选择一

• 加工路线应向远离工件夹具方向进行，最后再转向夹具方向，且距离端面应大于5，如图9-9 所示。

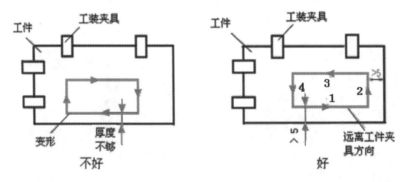

不好　　　　　　好

图9-9　加工路线选择二

• 在一块毛坯上要切出两个以上零件时，不应连续一次切割出来，而应从不同穿丝孔开始加工。如图9-10 所示。

• 不能沿工件端面加工，这样放电时电极丝单向受电火花冲击力，使电极丝运行不稳定，难以保证尺寸和表面精度。

• 加工路线距端面距离应大于5。以保证工件结构强度少受影响而发生变形。

不好　　　　　　好

图9-10　加工路线选择三

9.1.6 线切割 ISO 格式编程

ISO 格式编程是采用国际通用的程序格式，与数控铣床指令格式基本相同，比 3B 编程更为简单，目前已得到广泛的应用。

1. 常用指令代码

电火花线切割机床常用 ISO 代码如表 9-1 所示。

表 9-1　电火花线切割机床常用 ISO 代码

代　码	功　　能	代　码	功　　能
G00	快速定位	G55	加工坐标系 2
G01	直线插补	G56	加工坐标系 3
G02	顺圆插补	G57	加工坐标系 4
G03	逆圆插补	G58	加工坐标系 5
G05	X 轴镜像	G59	加工坐标系 6
G06	Y 轴镜像	G80	接触感知
G07	X、Y 轴交换	D82	半轴移动
G08	X 轴镜像、Y 轴镜像	G90	绝对坐标指令
G09	X 轴镜像、X、Y 轴交换	G91	增量坐标指令
G10	Y 轴镜像、X、Y 轴交换	G92	设定加工起点
G11	X 轴镜像、Y 轴镜像、X、Y 轴交换	M00	程序暂停
G12	消除镜像	M02	程序结束
G40	取消电极丝补偿	M05	接触感知解除
G41	电极丝左补偿	M98	调用子程序
G42	电极丝右补偿	M99	调用子程序结束
G50	取消锥度	T84	切削液开
G51	锥度左偏	T85	切削液关
G52	锥度右偏	T86	走丝机构开
G54	加工坐标系 1	T87	走丝机构关

2. 基本编程方法

线切割编程的基本方法如下。

（1）设置加工起点指令 G92

格式：G92 X_Y。

说明：用于确定程序的加工起点。

X、Y 表示起点在编程坐标系中的坐标。

例如，G92 X8000 Y8000

表示起点在编程坐标系中为 X 方向 8，Y 方向 8。

（2）电极丝半径补偿 G40、G41、G42

格式：G40　　　取消电极丝补偿。

　　　G41_D　　电极丝左补偿。

　　　G42_D　　电极丝右补偿。

技术要点　　　G40 为取消电极丝补偿，G41 为电极丝左补偿，G42 为电极丝右补偿。D 为电极丝半径和放电间隙之和。

9.2 Mastercam 线切割加工类型

外形线切割是电极丝根据选取的加个串联外形进行切割出产品的形状的加工方法。可以切割直侧壁零件，也可以切割带锥度的零件。外形线切割加工应用较广泛，可以加工很多较规则的零件。

在【机床】选项卡的【机床类型】面板中单击【线切割】|【默认】选项，将会弹出【线切割-线割刀路】选项卡，如图9-11所示。

图9-11 【线切割-线割刀路】选项卡

选择了默认的线切割机床后，随即启动了线切割加工模组，接下来即可进行线切割加工编程了。

9.2.1 外形线切割加工

外形线切割加工方法可在XY平面（下轮廓）和UV平面（上轮廓）中具有相同形状的情况下创建垂直刀路和锥度刀路。外形线切割刀路（简称"线割刀路"）可以向内或向外逐渐变细，指定焊盘的位置作为开始变细的起点。用户还可通过指定尖角和平滑角来进一步修改外形线切割刀路的形状。外形线切割刀路也可以基于开放边界并用于切断或修剪零件。

● 实战案例——外形线切割加工

对如图9-12所示的零件模型进行外形线切割加工，加工模拟的结果如图9-13所示，具体操作步骤如下。读者可扫描右侧二维码实时观看本案例教学视频。

图9-12 零件模型

图9-13 模拟加工结果

技术要点　本案例采用直径D0.14的电极丝进行切割，放电间隙为单边0.02，因此，补偿量为0.14/2＋0.02＝0.09，采用控制器补偿，补偿量即0.09，穿丝点事先定义的点。进刀线长度取5，切割一次完成。

01 打开本例源文件"9-1.mcam"。

02 在【线切刀路】面板中单击【外形】按钮，将会弹出【线框串连】对话框。

03 选取穿丝点，再选取加工串联，操作方式如图9-14所示。

技术要点　选取加工串连时，要注意选取起始曲线，须在靠近穿丝点的位置选取，否则到时线切割时刀具会直接切坏毛坯。

04 在弹出的【线切割刀路-外形参数】对话框的【钼丝/电源】选项设置面板中设置电极丝参数，如图9-15所示。

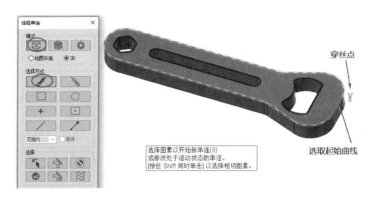

图 9-14　选取穿丝点和串联

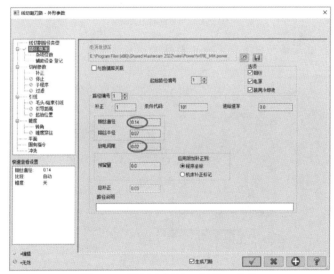

图 9-15　设置电极丝（钼丝）参数

05　在【切削参数】选项设置面板中设置切削相关参数，如图 9-16 所示。

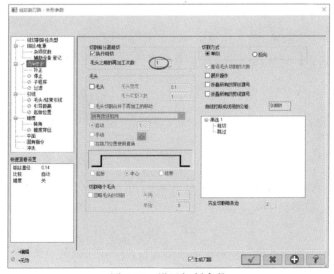

图 9-16　设置切削参数

06 在【补正】选项设置面板中设置补正参数，如图9-17所示。

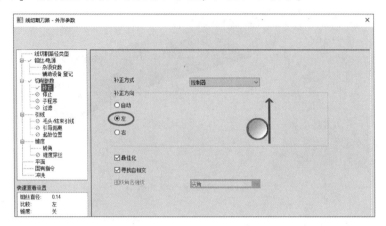

图9-17　设置补正参数

07 在【锥度】选项设置面板中设置线切割锥度和高度参数，如图9-18所示。

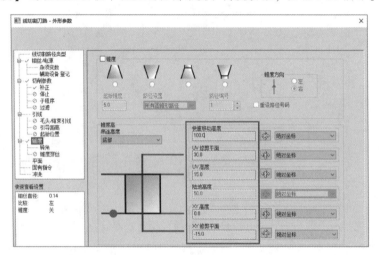

图9-18　设置锥度

08 单击【确定】按钮 生成线切割刀路，如图9-19所示。

09 单击【实体模拟】按钮 进行实体仿真，仿真效果如图9-20所示。

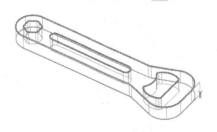

图9-19　线切割刀路

图9-20　实体仿真结果

9.2.2　无屑线切割

　　将移除带有一系列偏置刀轨的封闭外形内的所有材料。此切割类型不会使工件生成废料块，是一种安全的切割方式。通常情况下，当零件内部要切削的面积较小时，可使用此线切割类型。

实战案例——无屑线切割加工

对如图 9-21 所示的图形进行无屑线切割加工，加工结果如图 9-22 所示，具体操作步骤如下，读者可扫描右侧二维码实时观看本案例教学视频。

图 9-21 加工图形

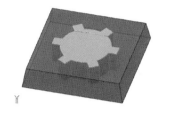

图 9-22 加工结果

技术要点 采用直径 0.14 的电极丝进行切割，放电间隙为单边 0.01，因此，补偿量为 0.14/2 + 0.01 = 0.08，采用控制器补偿，补偿量即 0.08，穿丝点为原点。切割一次完成。

01 打开本例源文件 "9-2.mcam"。

02 在【线切刀路】面板中单击【无削切割】按钮■，将会弹出【线框串联】对话框，选取加工串联和穿丝点，如图 9-23 所示。

03 在弹出的【线切割刀路-无屑切割】对话框的【钳丝/电源】选项设置面板中设置电极丝直径、放电间隙和预留量等参数，如图 9-24 所示。

04 在【无削切割】选项设置面板中设置高度参数，如图 9-25 所示。

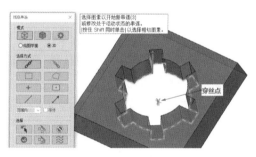

图 9-23 选取加工串联和穿丝点

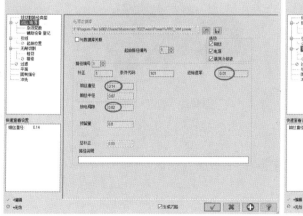

图 9-24 电极丝设置

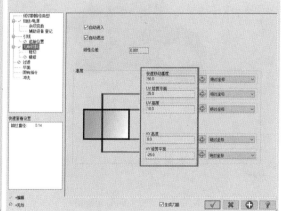

图 9-25 设置无削切割参数

05 在【精修】选项设置面板中设置精修参数，如图 9-26 所示。

06 根据所设置的参数生成无屑线切割刀路，如图 9-27 所示。

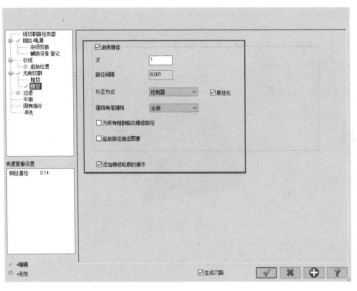

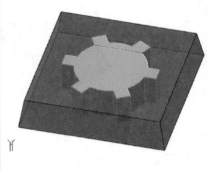

图 9-26　粗切参数　　　　　　　　　图 9-27　无屑线切割刀路

9.2.3　4轴线切割

4轴线切割主要是用来切割具有上下异形的工件。4轴主要是 X、Y、U、V 这4个轴方向，可以加工比较复杂的零件。

● 实战案例——4轴线切割加工

对如图 9-28 所示的零件外侧壁进行 4 轴线切割加工，加工模拟结果如图 9-29 所示，具体操作步骤如下。读者可扫描右侧二维码实时观看本案例教学视频。

图 9-28　加工图形　　　　　　　　　图 9-29　加工结果

 技术要点　　本案例采用直径 0.3 的电极丝进行切割，放电间隙为单边 0.02。

01　打开本例源文件 "9-3.mcam"。

02　在【线割刀路】面板中单击【四轴】按钮 **4**，将会弹出【线框串联】对话框。选取穿丝点和加工串联（包括上、下轮廓边线），结果如图 9-30 所示。

03　在弹出的【线切割刀路-四轴】对话框的【钼丝/电源】选项设置面板中设置电极丝直径、放电间隙等，如图 9-31 所示。

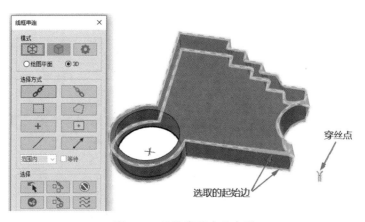

图 9-30 选取穿丝点和串联

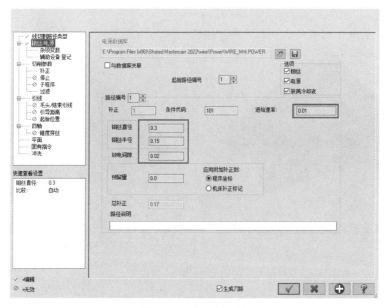

图 9-31 设置电极丝

04 在【补正】选项设置面板中设置补正参数，如图 9-32 所示。

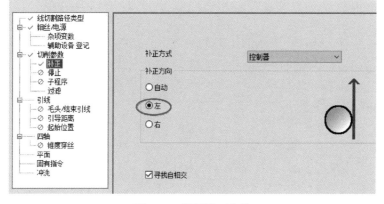

图 9-32 设置补正参数

05 在【四轴】选项设置面板中设置高度等参数,如图9-33所示。

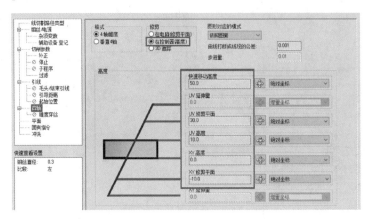

图9-33 设置4轴参数

06 根据所设参数生成4轴线切割刀路,如图9-34所示。实体仿真模拟结果如图9-35所示。

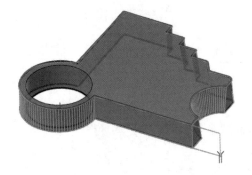

图9-34 生成的4轴线切割刀路

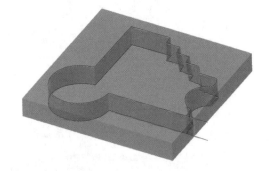

图9-35 实体模拟结果

第 10 章 机床仿真与后处理输出

 本章导读 《

机床仿真是利用 Mastercam 的后置处理器对所编制的加工程序进行机床模拟，达到与实际加工一致的要求，可以极大地提高生产效率。机床模拟成功后，可通过后置处理器将加工程序以适用于各类数控系统的程序导出。

10.1 机床仿真

机床仿真也称为后置仿真，它是利用 Mastercam 的数控加工模块提供的仿真机床和后置处理器模块自带的后置处理器程序来进行的机床仿真运动。

CAM 中提供了几种典型的机床和后置处理器。当设置了仿真机床，程序会自动调用该机床的后置处理器生成 NC 代码，而不用再进行后处理输出 NC 代码。机床仿真尤其是在 4 或 5 轴机床中优势特别突出，它解决在真实机床上试验的风险。例如，在 Mastercam 提供了 5 轴西门子数控加工中心和 4 轴车削加工中心，如图 10-1所示。

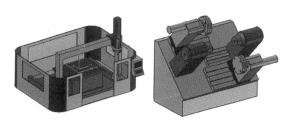

图 10-1 5 轴加工中心和 4 轴车削加工中心

10.1.1 机床设置

要进行机床仿真，就要对机床相关参数进行设置，包括控制定义、机床定义、材料定义和铣床刀具管理等。

1. 控制定义

控制定义就是定义数控机床的控制系统，为后处理器提供正确定义的刀路信息。让后处理创建满足控件要求的 NC 加工文件。

在【机床】选项卡的【机床设置】面板中单击【控制定义】按钮 ，将会弹出【控制定义】对话框，如图 10-2 所示。

图 10-2 【控制定义】对话框

技术要点 用户不能在空白的 Mastercam 环境中直接进行控制定义，仅当在创建数控加工程序后方可进行后续操作。

单击【现有定义】按钮，可以查看当前加工工序操作的现有控制系统定义，包括机床信息、后处理文件所在的本地路径等基本信息，如图 10-3 所示。系统默认的控制定义是不能直接用在实际数控加工中心中的，需要进行定义。

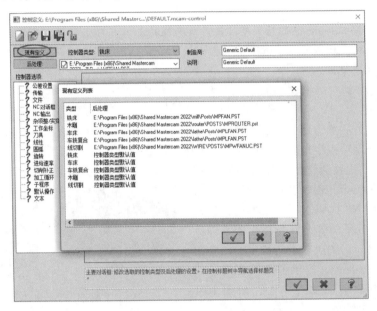

图 10-3　查看现有定义

技术要点 Mastercam 2022 在安装时是没有后处理文件和机床文件的，这需要另外从官网中下载。本章源文件夹中就提供了后处理文件和机床文件，直接在安装路径下覆盖即可。后处理文件是以 .pst 后缀命名的文件，需要对后处理文件进行编辑时，可用记事本文件打开它。

单击【打开控制自定义文件】按钮，可从 Mastercam 安装路径下（如，E：\Program Files（x86）\Shared Mastercam 2022\CNC_ MACHINES）打开 CNC 机床控制器文件，比如实际的数控机床为德国西门子机床，可打开 Siemens 808D 3x_ 4x Mill. mcam-control 控制器文件，然后通过【控制器选项】列表中的选项定义，为输出符合西门子数控系统的文件进行自定义，如图 10-4 所示。自定义完成后可单击【另存为】按钮或者【保存】按钮进行保存，以便后续加工时调取。

技术要点 在软件安装路径下的 CNC_ MACHINES 文件夹中，包括了用户常见的所有数控系统所属的机床控制器文件，如日本发那科 FANUC、德国西门子 Siemens 系统等。

2. 机床定义

要输出符合数控系统控制器的加工程序，就必须定义合适的机床，这是合理有效编程的重要一步。机床文件默认安装在 E：\Program Files（x86）\Shared Mastercam 2022\CNC_ MACHINES 中，后缀名为 mcam-mmd。在【机床设置】面板中单击【机床定义】按钮，将会弹出【机床定义管理】对话框，如图 10-5 所示。

选择好控制器文件后，在【机床定义管理】对话框中为机床定义组件及配置等。

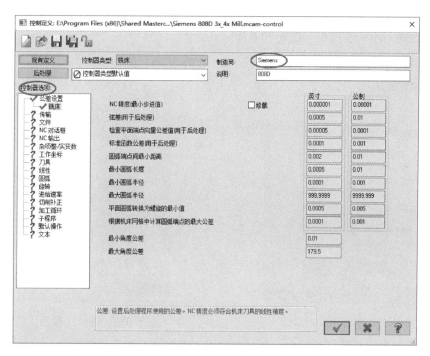

图 10-4 选择控制器文件并自定义控制器选项

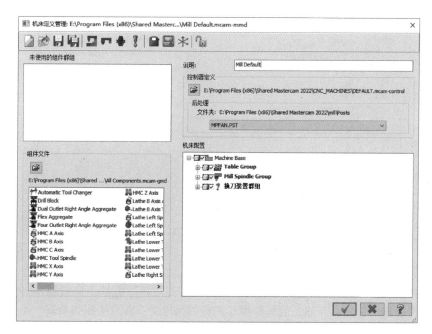

图 10-5 【机床定义管理】对话框

3. 材料定义

材料定义可用来定义或编辑工件（毛坯）材料。在【机床】选项卡的【机床设置】面板中单击【材料】按钮，可打开【材料列表】对话框。在【显示选项】选项组中选中【显示所有】单选按钮，将显示已经定义了材料的工件或刀具，如图 10-6 所示。

如果没有当前环境中还没有定义过材料，可在列表中单击鼠标右键，选择右键菜单中的【新建】命令，以便进行下一步操作，如图10-7所示。

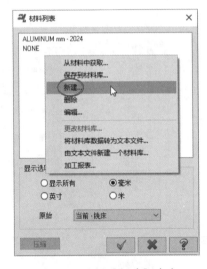

图10-6 【材料列表】对话框   图10-7 选择【新建】命令

在弹出的【材料定义】对话框中为新材料输入新参数，以满足材料属性。例如新建C45钢的工件新材料，如图10-8所示。

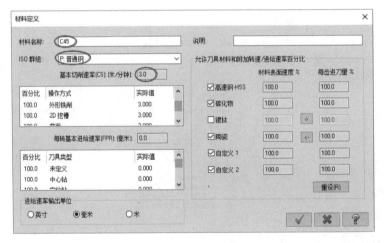

图10-8 新建材料

10.1.2 模拟

当工序操作完成后Mastercam系统会自动生成切削加工刀路，能够生成刀路不一定就证明刀路是正确的，还需要进行仿照实际加工的模拟操作进行刀路检验，若发生模拟错误，可及时调整加工参数。模拟操作包括刀路模拟、实体仿真和机床模拟器模拟三种。

1. 刀路模拟

刀路模拟是最简单的一种快速刀路检验方式，它不需要建立毛坯就可以对刀路进行检验。缺点就是无法判断刀具在加工运行过程是否对毛坯或装夹夹具产生碰撞。

在【模拟】面板中单击【刀路模拟】按钮≋，将会弹出【路径模拟】对话框和仿真动画控制条，如图10-9所示。

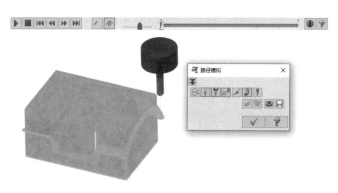

图10-9　刀路模拟操作

　　在【路径模拟】对话框中的工件用来控制刀路的模拟状态，在仿真动画控制条中单击【开始】按钮▶或【停止】按钮■，即可播放或停止播放模拟加工动画。

　　2. 实体仿真

　　实体仿真可以模拟实际刀具按照设定的刀路切削工件并得到最终的零件。实体模拟可以检验刀路在加工过程中出现的问题，比如刀具与毛坯发生碰撞后，会在毛坯中产生切削，且以红色高亮显示被误切削的这部分。

　　实体模拟可以针对某一个工序操作，也可以针对多个工序操作进行。针对某一个工序操作时，在【刀路】管理器面板中的【刀具群组-1】节点下选中要实体模拟的操作，然后单击【机床】选项卡的【模拟】面板中的【实体模拟】按钮，系统自动处理 NCI 数据后接着打开【Mastercam模拟器】窗口，如图10-10所示。

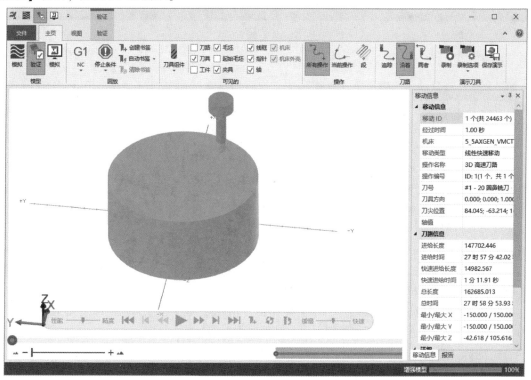

图10-10　【Mastercam 模拟器】窗口

在仿真动画控制条中单击【播放】按钮，完整模拟出刀具加工毛坯件时的切削过程动画。实体模拟结果如图 10-11 所示。

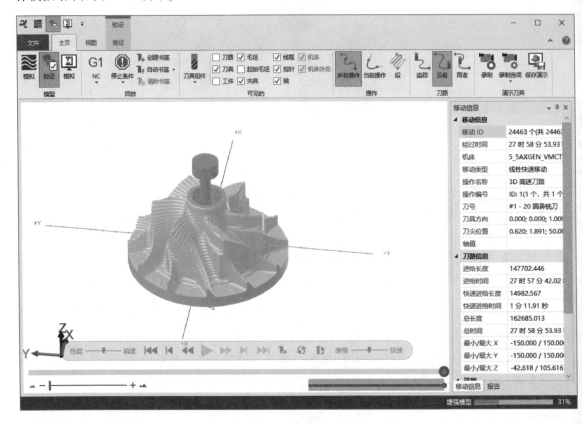

图 10-11　实体模拟结果

如果要从头到尾的实体模拟毛坯件粗加工、半精加工和精加工切削过程，可在【刀路】管理器面板中选中【刀具群组-1】节点，此时该节点下所有的工序操作被自动选中，再单击【实体仿真】按钮，即可播放完整的毛坯件切削动画。

3. 机床模拟器模拟（机床实体模拟）

机床模拟器模拟（也叫机床实体模拟）比实体模拟的空间感更强、模拟效果更为真实，它可以模拟在数控机床上毛坯件被切削的整个过程。机床中的工作台、装夹治具、毛坯件等都是实时动态的。同刀路模拟和实体模拟一样，可以模拟单个工序操作，也可模拟所有工序操作。

在【刀具群组-1】节点下选中要模拟的某一个工序操作后，在【模拟】面板中单击【模拟】按钮，打开【Mastercam 模拟器】窗口，如图 10-12 所示。该窗口与前面进行实体模拟时的【Mastercam 模拟器】窗口是完全相同的，只是模拟（机床实体模拟）的【Mastercam 模拟器】窗口中【机床】和【机床外壳】选项变得可用。

虽然增加了机床组件，但模拟（机床实体模拟）的作用和效果与实体模拟是完全相同的，因此用户仅需选择其中一种进行实体模拟即可达到检验刀路的目的。

10.1.3　机床模拟

【机床模拟】面板中的【运行模拟】【刀路模拟】和【实体仿真】三种模拟工具，是基于用户配置机床参数后再进行的刀路模拟、实体模拟和机床实体模拟。

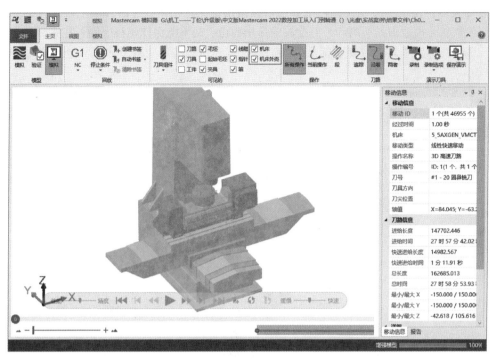

图 10-12　机床实体模拟的【Mastercam 模拟器】窗口

要进行机床模拟，必先设置机床参数。在【机床模拟】面板的右下角单击【机床模拟选项】按钮 ，将会弹出【机床模拟】对话框。在该对话框中可以设置机床模拟参数、后处理设置参数和机床定义参数等，如图 10-13 所示。

图 10-13　【机床模拟】对话框

虽然【模拟】面板中的【模拟】工具可以模拟出机床在工作状态时切削毛坯工件的三维空间效果，但也仅仅是模拟刀具切削和刀路检验的作用而已，却不能保证该程序能否在实际数控机床顺利地完成工作，因为机床参数是不能定义的，数控程序也没有经过后处理，只是增强了空间效果而已。

综上所述，Mastercam 的机床模拟是以最为真实的加工环境来模拟毛坯工件的切削过程，用户可以很轻松地通过【机床模拟】对话框来定制合适的机床、经过后处理的加工程序和毛坯工件、材料、夹具等性能参数。

配置完成机床模拟参数后，单击【机床模拟】对话框底部的【模拟】按钮，可打开【机床模拟】窗口，如图 10-14 所示。随后单击【运行】按钮即可进行机床模拟。

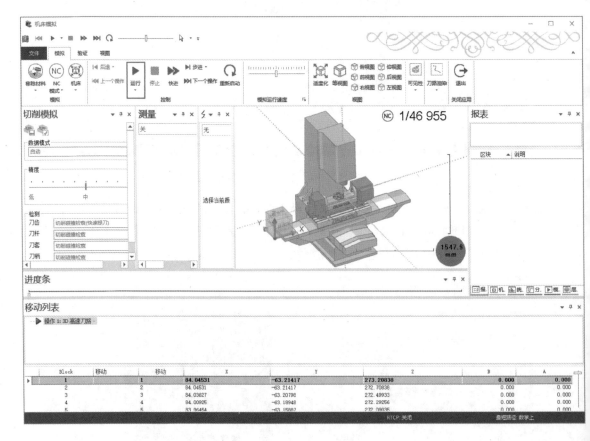

图 10-14 【机床模拟】窗口

> **技术要点** 在【机床模拟】对话框底部单击【模拟】按钮，等同于配置机床参数后在【机床模拟】面板中单击【运行模拟】按钮。另外【刀路模拟】是在【机床模拟】窗口中以无机床、无毛坯的形式来模拟刀路轨迹，【实体仿真】则是在【机床模拟】窗口中以无机床的形式来模拟毛坯切削过程。

在机床模拟过程中，如果发现刀路有过切和碰撞的问题，系统会及时给出提示，用户根据提示重新对加工刀路进行编辑，直至顺利完成机床模拟，如图 10-15 所示。

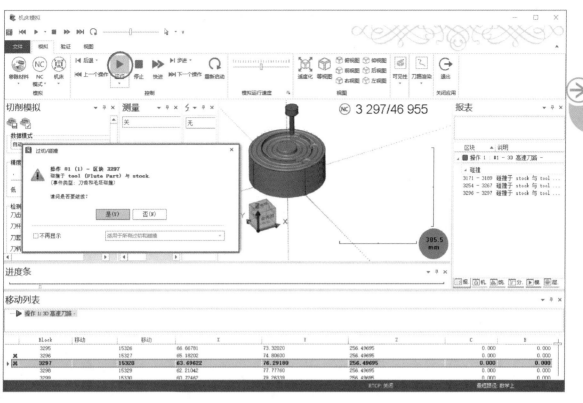

图 10-15 机床模拟过程中的系统提示

10.2 后处理输出详解

无论是哪种 CAM 软件,其主要用途都是生成在机床上加工零件的刀具路径(简称刀路)。一般来说,不能直接传输 CAM 软件内部产生的刀轨到机床上进行加工,因为各种类型的机床在物理结构和控制系统方面可能不同,由此而对 NC 程序中指令和格式的要求也可能不同,因此,刀具路径必须经过处理以适应每种机床及其控制系统的特定要求。这种处理,在 Msatercam 软件中叫"后处理"。后处理的结果是使刀路变成机床能够识别的刀路数据,即 NC 程序代码,将 NC 程序代码输出为可储存、可读取的文件称为"NC 程序文件"或"NC 文件"。

综上所述,后处理操作必须具备两个要素:加工刀路和后处理器(简称"后处理")。

下面以输出能够被通用的 FANUC(发那科)数控系统识别的 NC 程序文件为例,详解在 Mastercam 中后处理操作的全流程。

10.2.1 控制器定义

控制器的定义包括控制器的选择、后处理选择及后处理的控制器选项设置,具体操作步骤如下。

读者可扫描右侧二维码实时观看本案例教学视频。

01 打开本例源文件"侧刃铣削多轴加工.mcam"。

02 在【机床】选项卡的【机床设置】面板中单击【控制定义】按钮,将会弹出【控制定义】对话框。

技术要点　　此时在【控制定义】对话框中已存在一个系统默认的 MPFAN. PST 后处理文件，其实这个后处理文件也适合 FANUC 数控系统，但是这个默认后处理所输出的程序代码不能直接用于加工，需要进行修改才可使用。原因就是 MPFAN. PST 后处理文件输出的程序代码中没有最常用的 G54 指令，主要是用 G92 指令来指定工件坐标系。

03 在【控制定义】对话框顶部的工具栏中单击【打开】按钮，从控制器安装路径中打开 GENERIC FANUC 5X MILL. mcam-control（通用 FANUC5 轴铣削）控制器文件，如图 10-16 所示。

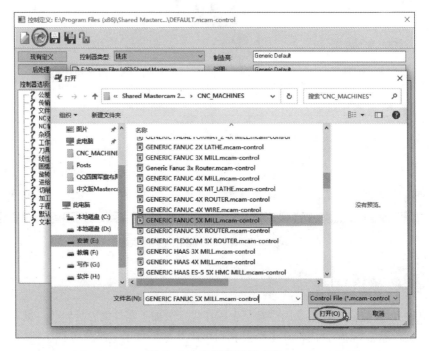

图 10-16　选择控制器文件

04 单击【后处理】按钮，在弹出的【控制定义自定义后处理编辑列表】对话框中单击【添加文件】按钮，从软件安装路径中打开 Generic Fanuc 5X Mill. pst（通用 FANUC 5 轴铣削）后处理文件，如图 10-17 所示。

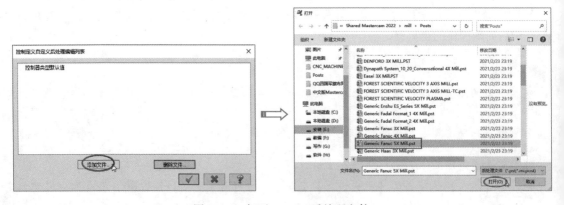

图 10-17　打开 FANUC 后处理文件

技术要点 在软件安装路径中,提供了 3~5 轴数控加工中心的 FANUC 后处理文件,目前 FANUC 控制系统的数控机床应用范围最广的是 3 轴。本例零件采用 4 轴或 5 轴数控加工中心均可进行加工。但在创建工序操作时默认选用的是 5 轴,因此这里选择 5 轴后处理文件,以此与工序操作中保持一致性。

05 选择了 FANUC 后处理文件后,在【控制定义】对话框的【后处理】下拉列表框中选择刚才添加的 FANUC 后处理文件,并在【控制器选项】列表中选择【NC 输出】选项进行修改,如图 10-18 所示。

技术要点 行号是 NC 程序代码文件中每一行代码的编号,如 N100。是否需要行号,要取决于代码内容的多少,代码多尽量不要行号,减少文字内容会减少内存占用。本例中勾选了【输出行号】复选框,并非是一定要行号,只是简要说明一下如何添加行号而已。

06 其他控制器选项保留默认设置,单击【确定】按钮 ✔ 完成控制器的定义。

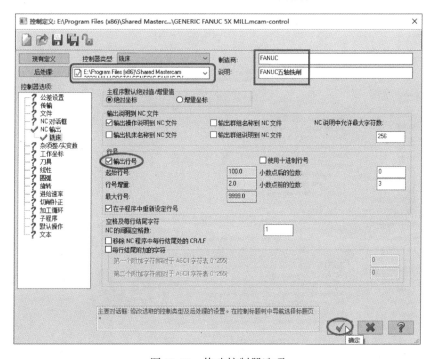

图 10-18　修改控制器选项

10.2.2 机床定义

根据实际加工环境来定义机床,这为后续的机床仿真和 NC 程序文件的输出提供真实有效的数据支持,具体操作步骤如下。

读者可扫描右侧二维码实时观看本案例教学视频。

01 在【机床设置】面板中单击【机床定义】按钮 ，将会弹出一个警告对话框,忽略警告提示并且勾选【不再弹出此警告】复选框,单击【确定】按钮 ✔ ,如图 10-19 所示。

02 在弹出的【机床定义管理】对话框顶部的工具栏中单击【浏览】按钮 ，从机床文件库中选择某品牌的 5 轴数控机床文件 MILL 5 - AXIS TABLE - TABLE HORIZONTAL MM. mcam-mmd（mm 单位的卧式加工中心），如图 10-20 所示。选择机床文件后将模型更改进行保存。

图 10-19　警告提示

技术要点　　FANUC 数控系统能够和绝大多数机床匹配使用，也就是只要用户选定了某种数控系统，机床厂家都会根据所选数控系统进行机床匹配，因此机床文件的选择就比较灵活了，如果要精确选择机床文件，这取决于编程者自家使用的机床品牌。此外，选择了机床后，便于后续进行机床仿真。

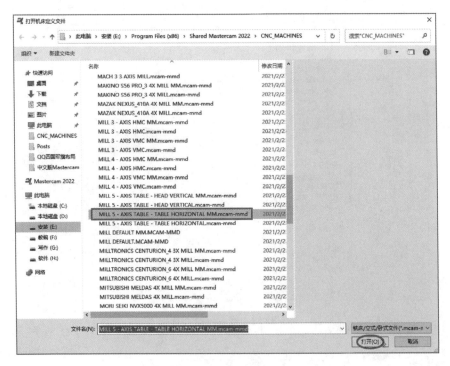

图 10-20　选择机床文件

03　在【控制器定义】选项组中单击【浏览】按钮，重新打开 GENERIC FANUC 5X MILL. mcam-control 控制器文件。然后在后处理文件的下拉列表框中重新选择 Generic Fanuc 5X Mill. pst 后处理文件，单击【确定】按钮　完成机床定义，如图 10-21 所示。

技术要点　　在控制器定义时选择的控制器文件并不能直接应用到当前的工序操作中，需要通过机床定义才能将控制器应用到操作中。

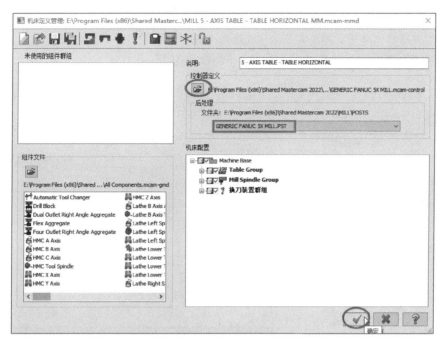

图 10-21　完成机床定义

04 机床定义后可从【刀路】管理器面板中看到机床属性更改结果，如图 10-22 所示。

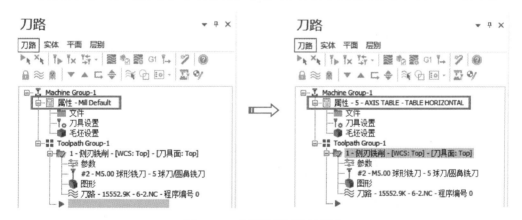

图 10-22　查看机床属性的更改

10.2.3　NC 程序文件输出

后处理文件输出即是输出 NC 加工程序文件，具体操作步骤如下。
读者可扫描右侧二维码实时观看本案例教学视频。

01 在【后处理】面板中单击【生成】按钮 **G1**，弹出【后处理程序】对话框。

02 如果此时用户的计算机与数控加工中心连着网络，可以勾选【传输到机床】复选框，直
接传输到加工中心即时进行零件的铣削加工。如果还要对 NC 程序进行编辑，就取消对该
复选框的勾选，并勾选【编辑】复选框。

　　【后处理程序】对话框中的"NCI 文件"是指在 Mastercam 中，用户创建的工序操作中的刀路原位文件，NCI 文件是 ASCII 码文件，集中了加工所需的刀具信息、工艺信息及其他铣削参数信息等。默认情况下是不需要单独输出 NCI 文件的。

03　设置完成各输出选项后，单击【确定】按钮 ✔，生成 NC 程序文件，如图 10-23 所示。

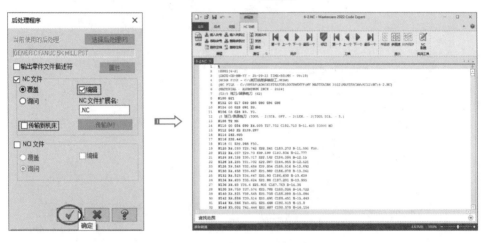

图 10-23　输出 NC 程序文件

　　本例中仅以发那科数控系统为例进行后处理输出，如果用户所使用的数控系统为其他系统（在 Mastercam 后处理文件夹中没有的），比如华中数控系统，那么就需要编程者手动修改与用户所使用的数控系统接近的后处理文件，以便符合实际需求。这里笔者向大家推荐一款"Mastercam 后处理编写器"小工具，网络中可搜索免费下载这个小工具。图 10-24 所示为这款工具的操作界面。根据实际的 NC 程序代码来设置相关选项，完成设置后单击【导出后处理程式】按钮，将生成的 pst 后处理文件保存在 E：\Program Files（x86）\Shared Mastercam 2022\mill\Posts 路径（用户可自定义路径）中随时调用。

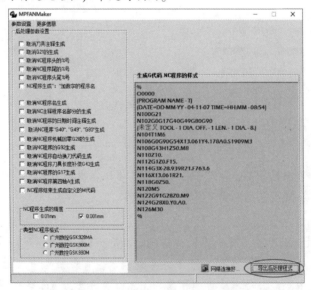

图 10-24　Mastercam 后处理编写器界面

10.3 加工报表

加工报表就是常说的"加工程序单"。有了加工报表，现场的CNC操机人员就可以按照报表中给出的信息进行加工前的准备工作，比如机台号、刀具号、工件材料、装夹方式和铣削加工方式等。

> **技术要点**
> Mastercam中生成的加工报表是符合ISO标准的加工程序单，如果要定制符合国内厂家要求的加工程序单，可使用一些插件来解决此问题，目前还没有一款符合Mastercam 2022软件版本的免费插件。有一款付费的插件叫"Mastercam X9-2022程序单"，可以生成国内厂家常见的CNC加工程序单，简单且清晰明了。当然还有一款免费的插件"Mcam 2021程式单"插件，仅适用于Mastercam 2021软件版本，喜欢的朋友可安装Mastercam 2021软件搭配使用。

在【机床】选项卡的【加工报表】面板中单击【创建】按钮，将会弹出【加工报表】对话框。在该对话框中输入相关的常规信息，在左下角单击【添加图像】按钮，将会弹出【图像捕捉】对话框。在【图像捕捉】对话框中单击【捕捉】按钮，将绘图区中的图像自行拍照后并保存，如图10-25所示。捕捉的图像文件将自动保存在E：\Program Files（x86）\Shared Mastercam 2022\common\reports\IMG路径（用户可自定义路径）中。如果需要更多的图像捕捉，可先调整好各种视图状态，然后再捕捉。

单击【加工板表】对话框中的【确定】按钮即可创建加工报表，如图10-26所示。

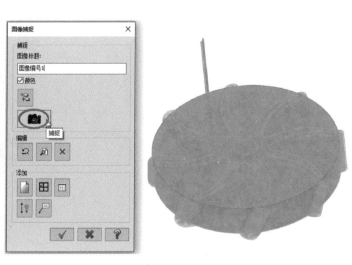

图10-25 图像捕捉

图10-26 生成加工报表

生成的加工报表以文档形式打开，如图10-27所示。用户可将该文件保存为PDF、RDF等格式，方便打印和阅读。

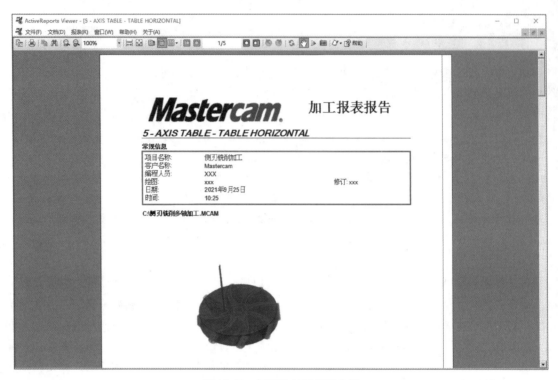

图 10-27　打开的加工报表文档